Rudolf Taschner
Zahl, Zeit, Zufall

W0094814

PIPER

Zu diesem Buch

Der blinde Zufall scheint unsere Geschicke zu leiten – aber was ist Zufall? Wir glauben uns dem Diktat der Zeit unterworfen – aber was ist Zeit? Nur was man mit Zahlen belegen kann, zählt – aber woher kommen die Zahlen? Rudolf Taschner nähert sich solch tiefgründigen Fragen mit heiterer Gelassenheit, verständlich und unterhaltsam zugleich. Unterstützt von anschaulichen Bildern, Geschichten und subtilen Anekdoten verführt er uns zu mathematischen Seitensprüngen, aber auch zur Einsicht: Immer wenn man Zeit oder Zufall zu fassen vermeint, verflüchtigen sich beide blitzschnell ins unendliche Reich der Zahlen. Zahl, Zeit und Zufall sind untrennbar ineinander verwoben, und das Geflecht, das sie zusammenhält, ist nicht irgendwo »draußen«, »im Universum«, sondern in uns selbst, in unserem Denken und in unserem Bewusstsein.

Rudolf Taschner, geboren 1953 südlich von Wien, studierte an der Universität Wien Mathematik und Physik. 1977 begann er an der Technischen Universität Wien zu arbeiten, an der er nach einem Zwischenaufenthalt in Stanford bis heute als Professor tätig ist. Rudolf Taschner gründete und betreibt zusammen mit seiner Frau und Kollegen der Technischen Universität Wien »math.space«, einen Veranstaltungsort im Wiener Museumsquartier, der Mathematik als kulturelle Errungenschaft präsentiert und mehr als 30 000 Besucher im Jahr anlockt. 2004 wurde er vom Klub der Bildungs- und Wissenschaftsjournalisten zum Wissenschafter des Jahres gewählt.

Rudolf Taschner

Zahl, Zeit, Zufall

Geheimnisse der Wissenschaft

Vorwort von
Daniel Kehlmann

Mit 34 Abbildungen

Piper München Zürich

Mehr über unsere Autoren und Bücher:
www.piper.de

Ungekürzte Taschenbuchausgabe
Piper Verlag GmbH, München
November 2009
© 2007 Ecowin Verlag GmbH, Salzburg
unter dem Titel »Zahl Zeit Zufall. Alles Erfindung?«
Umschlaggestaltung: semper smile, München
Umschlagfoto: Martin Vukovits
Papier: Munken Print von Arctic Paper Munkedals AB, Schweden
Druck und Bindung: CPI – Clausen & Bosse, Leck
Printed in Germany   ISBN 978-3-492-25361-1

Inhaltsverzeichnis

Vorwort

Ja, es gibt sie immer noch, die sprichwörtlichen zwei Kulturen: auf der einen Seite die der Literatur und Musik, der Philosophie und Malerei, auf der anderen jene des Messens, der Exaktheit, der Wissenschaft. Und immer noch ignorieren die beiden einander. Nach wie vor kann einer, der noch nie vom Lehrsatz des Pythagoras gehört hat, als gebildeter Mensch durchgehen, während niemand es sich leisten könnte, zuzugeben, dass er „Hamlet" nicht gelesen hat oder nicht weiß, wie viele Beethoven-Symphonien es gibt. Umgekehrt betrachten Wissenschaftler immer wieder alle, die nicht die Weihen ihres Faches haben, als für die Erkenntnis verloren und halten jeden Versuch, den Laien aufzuklären, für überflüssige Zeitverschwendung.

Zu den wenigen Experten, denen das Expertentum nicht genügt, die sich hartnäckig um das Überwinden der Kluft bemühen und die mit Ernst, Leidenschaft und Hingabe versuchen, das komplizierte Geschäft der Wissenschaft für jeden, den es interessiert, verständlich zu machen, gehört Rudolf Taschner. Wer seine Vorlesungen und Vorträge, normalerweise vor brechend vollen Sälen, miterleben durfte, kennt sein Feuer, seinen Witz und seine Begabung, scheinbar trockenes Wissen zum Leben zu erwecken, aus erster Hand; wer dieses Glück noch nicht hatte, kann am gleichen Effekt teilhaben, indem er Taschners Bücher liest.

Denn Rudolf Taschner ist Lehrer im besten Sinn. Ohne seine Materie auch nur einen Deut platter oder weniger komplex darzustellen, als sie eben ist, findet er mit verlässlicher Sicherheit den Blickpunkt, von dem aus das Verwickelte sich klärt und auch der Laie zu verstehen beginnt.

Was ist eine Zahl? Wie misst man den Lauf der Gestirne, wie strukturiert der Mensch die vergehende Zeit, und was ist das überhaupt, jenes Rätsel, das uns zugleich das Nächste wie auch Fernste ist: die Zeitlichkeit? Was ist Zufall, wie verhält es sich mit der Beziehung zwischen der Kausalität – ohne die Wissenschaft, ja Weltbegreifen im weitesten Sinn gar nicht denkbar wäre – und der Unvorhersehbarkeit des Verhaltens der kleinsten Teile; mit anderen Worten, wieso ist es überhaupt möglich, Wahrscheinlichkeiten zu berechnen, und warum verhält die Welt sich so, wie sie laut den Voraussagen der Mathematik soll?

Probleme der Wissenschaft, aber auch große Fragen der Philosophie. Taschner ist sich dessen bewusst, und wer sein neues Buch mit Aufmerksamkeit und – bei Taschners lebhaftem Stil eigentlich unvermeidlich – Spannung und Freude liest, wird eben nicht nur über die Geschichte zentraler wissenschaftlicher Disziplinen wie Astrologie, Differential- und Wahrscheinlichkeitsrechnung belehrt, sondern die Grundfragen des Daseins rücken ihm plötzlich näher; viel Rätselhaftes wird verständlich, während zugleich so manches scheinbar Vertraute erst zum Rätsel wird.

Daniel Kehlmann

Zum Geleit

Der blinde Zufall scheint unser Geschick zu leiten – aber was ist Zufall?

Wir glauben uns dem Diktat der Zeit unterworfen – aber was ist Zeit?

Nur was man mit Zahlen belegen kann, zählt – aber woher kommen die Zahlen?

In diesem Buch versuche ich, jene tiefgründigen Fragen mit heiterer Gelassenheit, verständlich und unterhaltsam zugleich zu erörtern und zur Einsicht zu verführen: Immer, wenn man Zeit oder Zufall zu fassen vermeint, verflüchtigen sich beide blitzschnell ins unendliche Reich der Zahlen. Zahl, Zeit und Zufall sind untrennbar ineinander verwoben, und das Geflecht, das sie zusammenhält, ist nicht irgendwo „draußen", „im Universum", sondern in uns selbst, in unserem Denken und in unserem Bewusstsein.

Dieses Buch ist kein Lehrbuch. Umfassende Antworten, endgültige Ergebnisse sucht man hier vergebens, eine detaillierte Erläuterung aller Aspekte, die den Begriffen Zahl, Zeit, Zufall innewohnen, darf man hier nicht erwarten. Im Gegenteil: Vieles, was noch zu sagen wäre, fehlt. Vollständigkeit ist auch nicht das Ziel beim Schreiben dieses Buches gewesen. Vielmehr soll nach der Lektüre der Eindruck verbleiben, man sei wie bei einem Spaziergang durch eine reizvolle Gegend geführt worden, ohne schweres Gepäck, ohne Ermüdung und Plage, ohne den Ehrgeiz, alle möglichen Wege abzuschreiten, alle Täler zu durchmessen, alle Berggipfel zu erobern, die im Laufe des Rundgangs das Auge erfreuen.

Unterstützt wird die Lektüre durch Skizzen und Abbildungen. Es ist für mich ein großes Privileg, die großzügige Erlaubnis vor-

Erich Lessing erhalten zu haben, aus seinem reichen Fundus wunderbarer Fotografien einige von diesen als Illustrationen verwenden zu dürfen. Sie sind in ein vom Ecowin-Verlag hervorragend gestaltetes Buch integriert worden, wobei dies nur einer der vielen Vorzüge ist, die man als Autor eines so engagierten und umsichtigen Verlages genießt, wie es Ecowin ist.

Das Buch wäre nicht geschrieben worden, hätte ich nicht die Unterstützung von math.space erfahren: eine vom österreichischen Unterrichts- und Wissenschaftsministerium finanzierte und im Wiener MuseumsQuartier eingerichtete Institution, die sich der Aufgabe verschreibt, einer breiten Öffentlichkeit Mathematik als kulturelle Errungenschaft nahezubringen. Der Technischen Universität Wien verdanke ich ebenfalls viel – nicht zuletzt die Möglichkeit der intellektuellen Auseinandersetzung mit den an ihr wirkenden, lehrenden und lernenden Persönlichkeiten.

Den wichtigsten Rückhalt erfahre ich allerdings in meiner Familie. Darum bin ich meiner Frau Bianca und meinen Kindern dankbar: Sie bestärkten mich mit ihrer Unterstützung, mit ihrem Zuspruch, mit ihrer Ermunterung darin, die nachfolgenden Zeilen zu schreiben.

Alles ist Zahl

Ich hab' die Sach' schon lang' heraus.
Das Astralfeuer des Sonnenzirkels ist in der goldenen Zahl des
Urions von dem Sternbild des Planetensystems in das Univer-
sum der Parallaxe mittelst des Fixstern-Quadranten in die El-
lipse der Ekliptik geraten; folglich muss durch die Diagonale der
Approximation der perpendikulären Zirkeln der nächste Komet
die Welt zusammenstoßen.
Diese Berechnung ist so klar wie Schuhwix.
Knieriem in Johann Nestroys „Lumpazivagabundus"

Präzise der Gefahr begegnen

Am Freitag, dem 13. April 2029, werden wir um Haaresbreite einer gigantischen Katastrophe entrinnen:

In der Nacht des 19. Juni 2004 entdeckten Roy A. Tucker,
David J. Tholen und Fabrizio Bernardi im Kitt-Peak-Nationalob-
servatorium von Arizona einen Asteroiden, also einen sehr kleinen Planeten unseres Sonnensystems. Zwei Nächte später verlor
sich seine Spur, und am 18. Dezember 2004 wurde er von Gor-
don Garradd im Siding-Spring-Observatorium von New South
Wales erneut entdeckt. Dabei stellte sich heraus, dass sich der Asteroid direkt auf uns zu bewegt. Erste, noch vage Vermessungen
seiner Bahn schlossen nicht aus, dass *Apophis*, so tauften die Ent-
decker ihren Himmelskörper in Erinnerung an den Widersacher
des ägyptischen Sonnengottes Ra, am 13. April 2029 mit der Erde
kollidieren werde. Weihnachten 2004 wurden alle bisher bekannten Bahndaten von Apophis ausgewertet. Das alarmierende Er-

gebnis lautete: Mit einer Wahrscheinlichkeit von mehr als 2 % könnte der Asteroid auf die Erde stürzen. In Anbetracht des riesigen Schadens, den ein Einschlag verursachen würde, ein bedrohlich hoher Prozentsatz.

Nach zwei weiteren Nächten intensiver Beobachtung steigerte sich die Wahrscheinlichkeit des Zusammenstoßes auf mehr als 2,7 %, und auch die Größe von Apophis ließ sich messen: Sein Durchmesser beträgt 390 Meter; ein Aufprall auf die Erde entspräche einer Detonation von eineinhalb Gigatonnen TNT, mehr als der hunderttausendfachen Wucht der Atombombenexplosion über Hiroshima.

Doch am Abend des 27. Dezember 2004 konnte Entwarnung gegeben werden. Auf einer alten Himmelsfotografie vom 15. Mai 2004 fand man Apophis, ohne dass der Kleinplanet damals registriert wurde. Nun hatte man zusätzliche Bahndaten zur Verfügung, und die bemerkenswert präzisen Rechnungen der Astronomen sagen voraus, dass Apophis unseren blauen Planeten gottlob nicht einmal streifen, sondern in einer Entfernung von 30 000 km an uns vorbeiflitzen wird. Vom Erdboden aus wird er als hell leuchtender, sich rasch bewegender Punkt am Nachthimmel des 13. April 2029 zu erkennen sein.

30 000 km klingt beruhigend weit weg, ist es aber nicht: Der Mond, unser unmittelbarer Nachbartrabant, ist mehr als zehnmal so weit von der Erde entfernt. Mond und Erde bilden gleichsam die Stangen eines Fußballtors, und wir hoffen zuversichtlich, dass Apophis zwischen ihnen, allerdings viel näher bei der Stange, die für die Erde steht, mit einer atemberaubenden Geschwindigkeit hindurchzischt, ohne sie zu treffen.

Verwüstungen, die von Asteroideneinschlägen herrühren, sind gigantisch. Man nimmt an, dass vor 65 Millionen Jahren die Dinosaurier wegen eines solchen Kataklysmus ausgestorben sind: Die Implosion des Himmelskörpers auf die Erde wirbelte damals so viel Staub und Wasserdampf auf, dass die Sonne über Jahre hinweg verdüstert war. In einer Jahrzehnte währenden Nacht und

Dämmerung brach auf der ganzen Erdkugel das den Sauriern gewogene Klima zusammen, nur die zu dieser Zeit noch sehr kleinen und im Schutz von Höhlen überwinternden Säugetiere überstanden unversehrt die Katastrophe. Für uns ein Glück, denn danach übernahmen die Säugetiere die Spitze in der Entwicklung der Fauna. Der für die Saurier tödliche Treffer des Kometen ermöglichte es der Natur, uns Menschen hervorzubringen.

Der Erdatmosphäre und den Weltmeeren verdanken wir es, dass die Spuren von Asteroideinschlägen auf unserem Globus kaum mehr wahrnehmbar sind. Auf dem Mond hingegen verwischen weder eine Lufthülle noch Ozeane die Narben jener Wunden, die von Kollisionen mit kleinen Himmelskörpern herrühren. Der Geophysiker und Astronom Heinz Haber hat mehrfach darauf hingewiesen, dass die „Mondkrater", zum Teil Gebirgszüge riesigen Ausmaßes, aus dem Schutt und Staub gebildet sind, die nach den Einschlägen von Meteoren dem Mondkörper entrissen und hochgewirbelt wurden. Nur wenige der Mondgebirge sind vulkanischen Ursprungs wie die meisten der irdischen Gebirge.

Am 13. April 2029 wird unser blauer Planet also noch einmal knapp unbeschadet davonkommen. Man darf jedoch davon ausgehen, dass irgendwann – wir alle hoffen, es wird noch Jahrmillionen währen – ein Himmelskörper beachtlicher Größe punktgenau auf die Erde zielt. Dabei ist Apophis vergleichsweise klein. Die Auswirkungen von Zusammenstößen mit größeren Himmelskörpern übersteigen alle Vorstellungskraft. Vielleicht können aber künftige Generationen Techniken entwickeln, die drohende Asteroideneinschläge verhindern: durch Sprengung des Himmelskörpers oder durch Ablenkung seiner Bahn.

Der ewige Lauf der Gestirne

Wie dem auch sei. Dass Astronomen den Lauf der Gestirne mit einer erstaunlichen Präzision vorherzusagen vermögen, ist merkwürdig genug. Und deren Wissen stammt aus uralter Zeit. Wir können es bis auf die frühen Hochkulturen in Ägypten und Babylonien, die vor mehr als 5000 Jahren bestanden, zurückverfolgen.

Schon damals betrachteten die Menschen voll Bewunderung den gestirnten Himmel. Im irdischen Bereich schien im Gegensatz zum himmlischen Geschehen alles willkürlich und chaotisch: Königreiche wurden errichtet und wieder gestürzt, Epidemien von Pest und Cholera plagten die Menschen, Erdbeben und Flutwellen bedrohten Dörfer und Städte, Bauern bangten um die Ernte, die den Launen des Wetters und Ungezieferschwärmen ausgesetzt war, Händler fürchteten um ihre Ware, die sie Schiffen auf einer tückischen See anvertraut hatten. Der Himmel jedoch gehorcht ehernen Gesetzen. Unbeeinflusst von Stürmen, Gewittern, klirrender Kälte oder sengender Hitze, unbeeinflusst von edlen, verwegenen, feigen oder verwerflichen Taten der Herrscher und Pharaonen, ziehen die Gestirne ihre seit Ewigkeit vorgezeichnete Bahn. Dort oben ist, so vermutete man damals, das Reich der Götter.

Die Wandelsterne selbst wurden mit Namen von Gottheiten belegt: die mit ihrem milden, aber im Verlauf des Monats zu- und abnehmenden Licht die Nacht erhellende Mondgöttin Luna, der schnell am Himmel entlangziehende Merkur, die mit ihrem hellen Leuchten als Morgen- und Abendstern glänzende Venus und der alles überstrahlende Sonnengott Sol. Danach der rote Mars, der wegen seiner an das Blut erinnernden Farbe für den Kriegsgott gehalten wurde, und schließlich der sich majestätisch langsam bewegende Jupiter, auf den nur ein noch langsamerer und daher als hinkender Gott gedachter Saturn folgt. Die Sonne, der Mond und die fünf mit dem freien Auge sichtbaren Planeten bewegen sich ziemlich genau entlang einer gemeinsamen Ebene, der sogenannten Ekliptik, die sich periodisch im Laufe eines Jahres hebt und senkt.

Die Astronomen der frühen Hochkulturen und der Antike dachten sich die Himmelskörper überdies an durchsichtige Sphären, Kugeloberflächen, geheftet, die konzentrisch um die Erde angeordnet sind. Die Ekliptik teilt diese Planetensphären in je zwei Halbkugeln. Auf die sieben Kugelschalen der Wandelsterne folgt schließlich eine achte, schwarze und letzte Kugelschale, welche die Fixsterne trägt. Es war eine für unsere Urahnen zauberhafte Vorstellung, dass die Fixsterne in Wahrheit Löcher der dunklen achten Himmelssphäre seien, durch die das Licht des Ewigen auf uns herableuchtet.

Schon früh glaubten kluge Sterndeuter, den Weltenlenker nicht im gestirnten Himmel, sondern jenseits der Sterne ahnen zu dürfen. Der Schöpfungsbericht der Bibel verwirft jedenfalls die Anbetung der Gestirne als Aberglauben. Weder Sonne noch Mond, noch Planeten, noch Fixsterne sind Gottheiten, sie sind vielmehr Geschöpfe wie wir, erschaffen aus dem Wort des Ewigen. Möglicherweise stammt der Mut, dem Aberglauben, Gestirne seien Gottheiten, abzuschwören, von babylonischen Gelehrten. Zu ihnen hatten jüdische Theologen, die das Buch Genesis verfassten, sicher regen Kontakt. Alle Wandelsterne sind, so fanden die babylonischen Astronomen aus ihren jahrelangen Beobachtungen heraus, an die Ebene der Ekliptik und an ihre Himmelssphären gebunden, und die Fixsterne bewegen sich, sieht man von der täglichen Drehung des ganzen Himmelsgewölbes um die Erde ab, überhaupt nicht, daher ihr Name. Das können keine Gottheiten sein, denn selbst wir Menschen, die wahrhaft keine Göttinnen oder Götter sind, bewegen uns frei und ungezwungen.

Ganz im Gegensatz dazu folgt der gestirnte Himmel scheinbar fest vorgegebenen Regeln: wie sich das Himmelsgewölbe um die Erde dreht und wie die Wandelsterne an den Fixsternen vorbeigleiten. Das Geheimnis dieser Gesetze versuchten die babylonischen wie auch die ägyptischen Astronomen zu lüften, und sie hatten dabei Erfolg: Man muss bloß rechnen können, denn alle diese Gesetze beruhen auf Zahlen und deren Kombinationen.

Ein bezeichnendes Beispiel dafür sind die Sonnenfinsternisse. Ganz exakt fallen die Ebene der Mond- und der Sonnenbahn nicht zusammen, denn sonst würde jedes Vorbeiziehen des Mondes an der Sonne eine Sonnenfinsternis hervorrufen. Aber die Mondbahnebene stimmt ziemlich genau mit der Ekliptik, also mit der Sonnenbahnebene, überein, und so kommt es notgedrungen immer wieder vor, dass die Mondscheibe teilweise oder sogar ganz die Sonnenscheibe bedeckt. Dann spricht man von einer partiellen oder einer totalen Sonnenfinsternis. Aus ihren über Jahrhunderte akribisch durchgeführten Aufzeichnungen von Sonnenfinsternissen lasen die babylonischen Gelehrten heraus, dass sich diese Ereignisse in einem steten Rhythmus von 6585 Tagen (dies sind 18 Jahre und 10 bzw. 11 Tage, je nachdem, ob in diese 18 Jahre fünf oder vier Schaltjahre hineinfallen) wiederholen. Diese Zeitspanne nannte man später den Saroszyklus. (Das babylonische Wort „sharu" bedeutet Weltall.) Mit anderen Worten: Wenn man alle Sonnenfinsternisse während eines ein wenig mehr als 18 Jahre dauernden Saroszyklus aufgezeichnet hat, kann man Voraussagen über das Eintreffen von Sonnenfinsternissen für zukünftige Zeiten treffen. Als Fußnote sei noch bemerkt, dass sich der Ort, von wo aus man auf der Erde die Finsternis beobachten kann, nach jedem Saroszyklus verschiebt, aber auch dieses Phänomen hatten die babylonischen Gelehrten im Griff.

Thales von Milet lernte offensichtlich während seiner ausgedehnten Reisen in den Orient den Saroszyklus kennen und nutzte dies aus, um die Sonnenfinsternis am 28. Mai des Jahres 585 v. Chr. vorherzusagen. Pythagoras von Samos, der ziemlich sicher Thales zu seinen Lehrern zählen durfte, erfuhr von ihm nicht nur den Saroszyklus, sondern auch eine Fülle weiterer Informationen über Himmelserscheinungen. Er schloss aus der Tatsache, dass sie auf Zahlenbeziehungen beruhen, also durch Rechnungen vorhersehbar sind: Wenn man Zahlen versteht, dann versteht man die Welt, denn alles in ihr scheint auf Zahlen und deren Beziehungen zueinander zu beruhen.

Sphärenmusik

In der Musik fand sich Pythagoras bestätigt: Er stellte ein großes Tongefäß vor seinen Schülern auf und schlug mit einem Hammer dagegen. Dann füllte er es zur Hälfte mit Wasser, schlug wieder gegen das Gefäß, und siehe da: Der Ton war um eine Oktave verändert. Das Experiment ging weiter, zwei Drittel Wasser, drei Viertel: Jedes Mal vernahm er einen Klang in Harmonie zum ursprünglichen Ton. Ein grundlegender Zusammenhang zwischen Musik und Zahl war entdeckt. Und was für das Gefäß stimmt, war auch bei der Flöte der Fall: Halbiert man die schwingende Luftsäule, ertönt die Oktave, und wenn man die schwingende Luftsäule in den Verhältnissen zwei zu drei oder drei zu vier zur Gesamtlänge der Flöte teilt, hört man die Quint und die Quart jenes Grundtones, der erklingt, wenn die Luftsäule in der ganzen Flöte schwingt. Dasselbe führte Pythagoras seinen Schülern bei Saiteninstrumenten vor und lehrte sie: Nicht die Materialien, aus denen die Instrumente bestehen, sind für die Harmonie entscheidend, sondern allein Zahlen und deren Verhältnisse.

Pythagoras sah dies im ganzen Universum verwirklicht: Die Himmelssphären weisen seiner Meinung nach ebenfalls „wohlklingende" Zahlenverhältnisse in den gegenseitigen Abständen auf und lassen so die nur den Himmlischen vernehmbare „Sphärenmusik" erklingen.

Ein Gedanke, der in der Neuzeit wieder auftaucht. Als Johannes Kepler in Graz die Position eines „Landschaftsmathematikers", also eines Vermessers, einnahm und dort seine mathematischen und astronomischen Studien betrieb, konstruierte er ein Weltmodell, in dem die Himmelssphären nach strengen mathematischen Regeln zueinander in Beziehung gesetzt sind. Schon damals war Kepler davon überzeugt, dass nicht mehr die Erde im Zentrum des Universums sei, sondern Nikolaus Kopernikus das richtige Weltensystem entworfen habe:

In dem 1543, seinem Todesjahr, erschienenen Buch „De revolutionibus orbium coelestium" befasste sich Kopernikus, wie es der Titel ankündigt, mit den „Umdrehungen der Himmelssphären". Das Wort „revolutionibus" verleitete die Nachwelt dazu, von der „kopernikanischen Revolution" zu sprechen. Aber Kopernikus selbst verstand sich nicht als Umstürzler von Weltbildern. Er empfand bloß, wie viele seiner Zeitgenossen mit ihm, das von Claudius Ptolemäus um 150 n. Chr. entworfene Himmelssystem als unangemessen kompliziert. Denn Ptolemäus versuchte zu verstehen, warum einige der Planeten zuweilen auf ihren Himmelssphären ihre Bewegungsrichtung ändern. Und er glaubte dies folgendermaßen erklären zu können: Diese Planeten bewegen sich nicht auf ihren Sphären selbst, sondern entlang von „Zyklen" genannten Kreisen, die in der Ebene der Ekliptik auf die Sphären geheftet sind. Das griechische Wort für „auf" lautet „epi", daher nennt man das System des Ptolemäus die „Epizyklentheorie". Die Berechnung der Planetenbahnen nach dem ptolemäischen System war außerordentlich aufwendig. Doch wenn man sie sorgfältig nach seinen

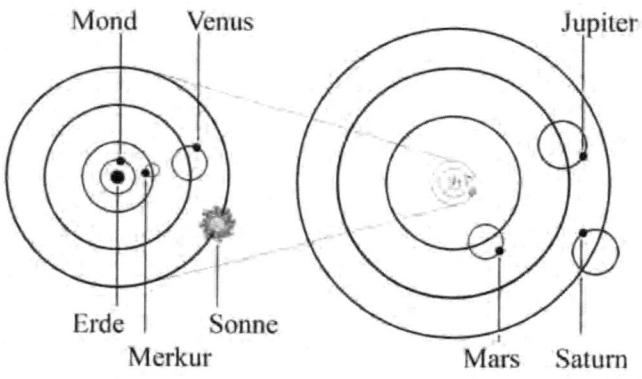

Im geozentrischen System des Claudius Ptolemäus befindet sich die Erde im Zentrum (links die erdnahen mit freiem Auge sichtbaren Wandelsterne, rechts die erdfernen). Um die komplizierten Bewegungen der Planeten korrekt beschreiben zu können, setzte sie Ptolemäus auf Epizyklen, das sind Kreise, deren Mittelpunkte auf den Planetensphären ruhen.

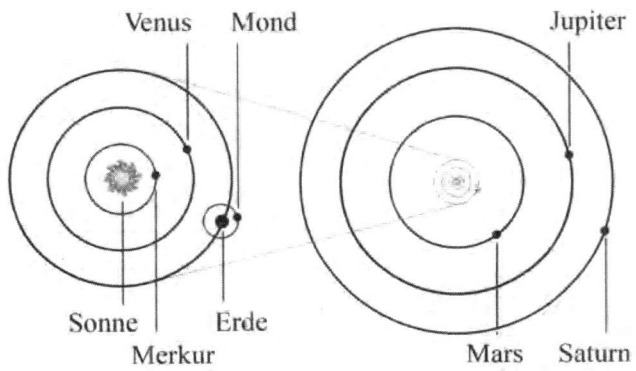

Im heliozentrischen System des Nikolaus Kopernikus befindet sich die Sonne im Zentrum (links die sonnennahen mit freiem Auge sichtbaren Wandelsterne, rechts die sonnenfernen). In seiner einfachsten Fassung braucht Kopernikus keine Epizyklen; die scheinbar komplizierten Bewegungen der einzelnen Planeten entstehen durch die Drehung der Erde um die Sonne.

Formeln bewältigte, stellte sich eine bemerkenswerte Übereinstimmung von Rechnung und Beobachtung heraus.

Einfacher, so meinte Kopernikus, wäre die Berechnung der Planetenbahnen, wenn man nicht von der Erde als Zentralgestirn des Universums ausgeht, sondern die Sonne in den Mittelpunkt des Weltalls stellt. Merkur und Venus umkreisen die Sonne, danach folgt die Erde, welche ebenfalls die Sonne umkreist, und danach folgen die Kreisbahnen der Planeten Mars, Jupiter und Saturn. Allein der Mond bleibt als einziger Himmelskörper übrig, der noch die Erde umrundet. Der Vorteil, statt der Erde die Sonne ins Zentrum des Alls zu setzen, besteht nach Meinung des Kopernikus darin, dass nun die Rückwärtsbewegungen der Planeten eine simple Erklärung finden: Weil sich auch unser Beobachtungsort, die Erde, in diesem System bewegt, entstehen solche scheinbaren Hin- und Herläufe. Epizyklen braucht man im kopernikanischen System nicht mehr.

Doch dies war nur ungefähr richtig. Wollte Kopernikus sein heliozentrisches System so genau gestalten wie Ptolemäus sein geozentrisches System 1400 Jahre zuvor, musste auch er wieder auf Epizyklen zurückgreifen. Der Gewinn an Vereinfachung durch den Wechsel des Weltbildes verflüchtigte sich. Nur wenn man kleine, aber doch vorhandene Abweichungen der Geometrie von der Beobachtung vernachlässigt, darf man behaupten, die Planeten bewegen sich auf genauen Kreisen um die Sonne.

Kepler war schon in seiner Grazer Zeit Anhänger des Kopernikus. Und er spekulierte, in welchen Abständen die um die Sonne konzentrisch angeordneten Planetensphären aufeinanderfolgen. Vom Glauben geleitet, der Weltenschöpfer habe den Himmel nach strengen mathematischen Regeln konstruiert, entwarf er im Buch „Mysterium Cosmographicum" ein bestechend schönes Weltmodell:

Euklid hatte um 300 v. Chr. in seinem „Die Elemente" betitelten Mathematikbuch regelmäßige Körper beschrieben: das von vier gleichseitigen Dreiecken begrenzte Tetraeder (eine Pyramide mit dreiseitiger Grundfläche), das von acht gleichseitigen Dreiecken begrenzte Oktaeder (eine zweimal vierseitige Doppelpyramide), das von sechs Quadraten begrenzte Hexaeder (ein Würfel), das von zwanzig gleichseitigen Dreiecken begrenzte Ikosaeder und das von zwölf regelmäßigen Fünfecken begrenzte Dodekaeder. Diese Körper heißen „regelmäßig", weil von allen Ecken gleich viele Kanten ausgehen (beim Tetraeder, Hexaeder und Dodekaeder drei, beim Oktaeder vier und beim Ikosaeder fünf) und weil alle Seitenflächen von gleich vielen Kanten begrenzt sind (beim Tetraeder, Oktaeder und Ikosaeder von drei, beim Würfel von vier und beim Dodekaeder von fünf). Und Euklid bewies, dass es nur diese fünf regelmäßigen Körper geben kann. Bereits vor Euklid hatte der griechische Philosoph Platon in seinem Buch „Timaios" behauptet, die Welt setze sich aus diesen fünf Körpern zusammen, wobei er uns die Erklärung, wie dies im Einzelnen zu verstehen sei, schuldig geblieben ist.

Kepler nahm nun an, dass die Planetensphäre des Saturns ein Hexaeder umhüllt, in das seinerseits die Planetensphäre des Jupi-

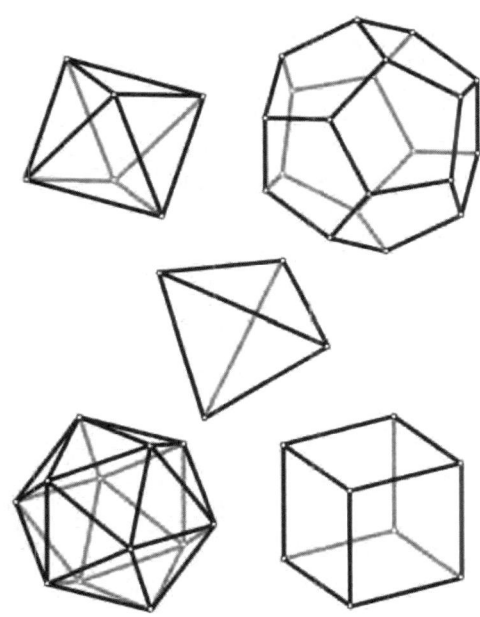

Die platonischen Körper:
das Oktaeder mit 6 Ecken
und 8 Flächen,
das Dodekaeder mit
20 Ecken und 12 Flächen,
das Tetraeder mit 4 Ecken
und 4 Flächen, das
Ikosaeder mit 12 Ecken
und 20 Flächen und
das Hexaeder mit 8 Ecken
und 6 Flächen.

ters eingeschrieben ist. Diese Sphäre umhüllt ein Tetraeder, in das die Planetensphäre des Mars eingeschrieben ist. Danach folgt in gleicher Weise ein Dodekaeder, in das die Planetensphäre der Erde eingeschrieben ist, und danach kommt der Ikosaeder mit der in ihm eingeschriebenen Planetensphäre der Venus und schließlich der Oktaeder mit der in ihm eingeschriebenen Sphäre des Merkurs. Wenn ihn ein Bauer fragte, wie Gott den Himmel geschaffen habe, er könnte es ihm erklären, behauptete stolz der damals noch junge Johannes Kepler.

Die Sphären zerbrechen

Später jedoch bezweifelte Kepler sein von ihm hergestelltes Weltenmodell. Es war schön, aber es war falsch. Aus Graz wegen seines evangelischen Glaubens verbannt und unter dem Schutz

Kaiser Rudolfs II. in Prag als Schüler des dortigen Hofastronomen Tycho de Brahe beschäftigt, lernte er von seinem Meister die genaue Beobachtung des Himmels. Tycho de Brahe war der letzte große Astronom, der die Sterne noch ohne Fernrohr, also mit freiem Auge, vermaß. Kepler, der ein wenig kurzsichtig war, wurde mit den Aufzeichnungen aller Beobachtungen Tychos beauftragt und hatte im Zuge dessen eine Unmenge von Rechnungen zu bewältigen. Kurz vor seinem Tode riet Tycho seinem Schüler dringend, die protokollierten Daten über die Bahn des Planeten Mars zu überprüfen, gerade hier vermutete er massive Abweichungen von der vermuteten Kreisbahn. Und in der Tat: Kepler stellte fest, dass es sich bei der Bahn dieses Planeten nicht um einen Kreis um die Sonne handeln kann.

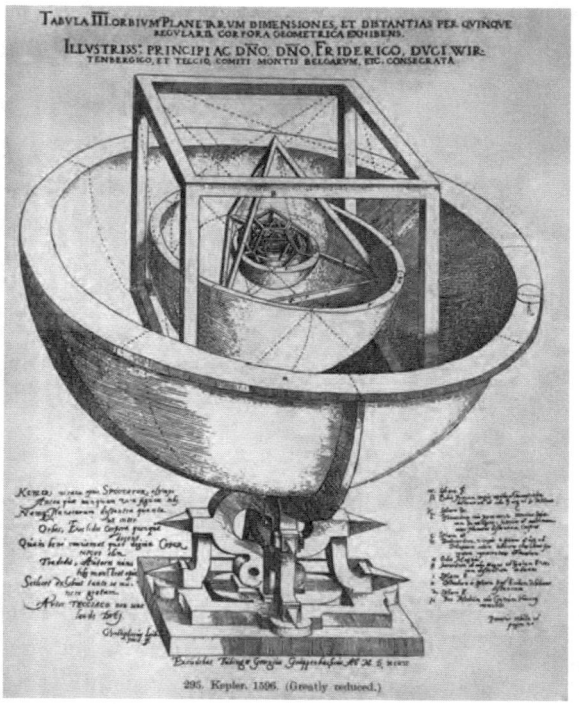

Das „Mysterium Cosmographicum" des Johannes Kepler

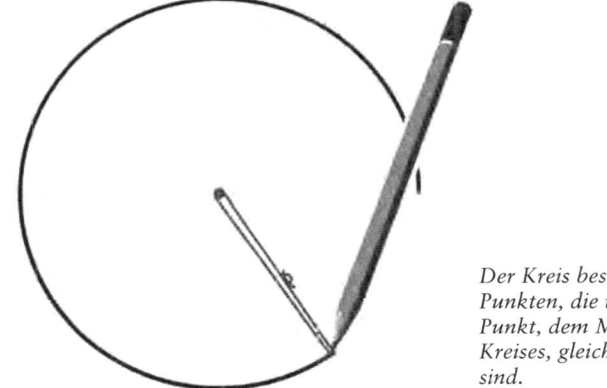

Der Kreis besteht aus allen Punkten, die von einem festen Punkt, dem Mittelpunkt des Kreises, gleich weit entfernt sind.

Wenn man in eine Ebene einen Nagel einschlägt, eine geschlossene Schnurschlaufe um ihn legt, mit einem Bleistift die Schlaufe spannt und den an der Schleife gespannten Bleistift auf der Ebene entlangzieht, erhält man eine Kreislinie. Wenn man aber zwei Nägel in die Ebene einschlägt, eine geschlossene Schnurschlaufe um sie legt, mit einem Bleistift die Schlaufe spannt und den an der Schleife gespannten Bleistift auf der Ebene entlangzieht, erhält man statt eines Kreises eine Linie, die Ellipse genannt wird. Die beiden Punkte, an denen die Nägel eingeschlagen sind, heißen die Brennpunkte dieser Ellipse. Kepler erkannte: Planetenbahnen sind keine Kreise, sondern Ellipsen. Die Sonne befindet sich immer in einem der Brennpunkte dieser Ellipsen. Dies ist das erste seiner Gesetze.

Das zweite seiner Gesetze besagt, dass ein Planet auf seiner elliptischen Bahn um die Sonne die Ellipse keinesfalls gleichmäßig durchläuft, sondern dass der Planet schneller ist, wenn er sich näher bei der Sonne befindet, und in einer größeren Entfernung von der Sonne langsamer wird.

Beide Gesetze, die Kepler im Buch „Astronomia nova" (Die neue Astronomie) 1609 veröffentlichte, brachten das bisher vorherrschende Weltbild, wonach exakte Kreise oder wenigstens Epi-

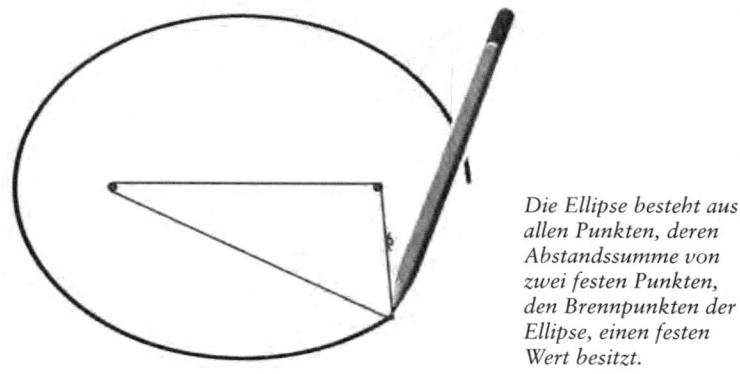

*Die Ellipse besteht aus
allen Punkten, deren
Abstandssumme von
zwei festen Punkten,
den Brennpunkten der
Ellipse, einen festen
Wert besitzt.*

zyklen, also Kreise auf Kreisen, den Bewegungen der Himmelskörper zugrunde liegen, zu Fall. Ellipsen mit der Sonne im Brennpunkt passen nicht auf Kugelschalen mit der Sonne im Zentrum, sie sprengen die Himmelssphären. Dies war die eigentliche Erschütterung des Weltbilds der damaligen Zeit. Nicht Kopernikus, sondern Kepler steht für die Revolution.

Zehn Jahre später fand Kepler ein drittes Gesetz, das er im Buch „Harmonice mundi" (Die Harmonie der Welt) veröffentlichte: Aus ihm konnte er nach Messung der Umlaufzeiten der einzelnen Planeten ein maßstabgetreues Modell des Sonnensystems herstellen. Mit den regelmäßigen Körpern und seinem alten Modell aus der Grazer Zeit hat es kaum mehr zu tun, aber Kepler war darüber keineswegs unglücklich, im Gegenteil. Voll Begeisterung über seine Entdeckung schrieb er: „Endlich habe ich ans Licht gebracht und über all mein Hoffen und Erwarten als wahr befunden, dass die ganze Natur der Harmonien in ihrem ganzen Umfange und in allen ihren Einzelheiten in den himmlischen Bewegungen vorhanden ist, nicht zwar auf die Weise, wie ich mir's früher gedacht, sondern auf eine ganz andere, durchaus vollkommene Weise."

Ein Apfel und der Mond

Zu Keplers Zeit begannen die Mathematiker, den Himmel mit Fernrohren zu vermessen. Dieses von holländischen Glasschleifern erdachte und hergestellte Gerät hatte der findige italienische Gelehrte Galileo Galilei in Florenz seinen Mitbürgern als eigene Erfindung vorgeschoben und um gutes Geld verkauft. Denn die Florentiner Händler und Geschäftsleute waren erpicht darauf, möglichst früh das Herannahen ihrer Schiffe auf hoher See zu registrieren. Galilei selbst richtete das Fernrohr aber nicht in Richtung Meer, sondern gegen den Himmel. Er stellte fest, dass der Mond genauso Gebirge besitzt wie die Erde, dass die Venus Phasen zeigt wie der Mond und dass Jupiter sogar eigene Monde hat.

Galilei verwarf die antike Vorstellung, dass die Welt in einen irdischen Bereich und einen himmlischen Bereich geteilt sei, wobei im irdischen Bereich nur Kräfte verhindern können, dass alles zu Boden sinkt, während im himmlischen Bereich die ewigen mathematischen Gesetze der Kreisbewegungen herrschen. Nein, das ganze Universum ist einer einzigen Physik unterworfen, und es sind die gleichen Kräfte, welche irdische wie himmlische Körper beschleunigen.

Am Christtag 1642, im Todesjahr Galileis, wurde im englischen Bauerndorf Woolsthorpe Isaac Newton geboren. Für Anhänger der Seelenwanderungslehre ein schöner Beleg ihres Glaubens. Denn auch Newton war von der Einheit der Physik auf der Erde und im Himmel überzeugt. Die Bauern, bei denen er aufwuchs, glaubten mit dem schmächtigen Kind nichts Kluges anfangen zu können und schickten es in die Stadt auf die Schule, wo Newton als Hochbegabter auffiel und nach Cambridge an die dortige Universität gelangte. Ohne auch nur eine einzige Zeile veröffentlicht zu haben, erhielt er auf Empfehlung seines Lehrers Barrow als dessen Nachfolger den dortigen Lehrstuhl und widmete sich, völlig in sich gekehrt und seiner Umwelt gegenüber unnahbar, seinen Privatstudien, die damals vom Licht und den Farben des Regenbogens handelten.

1666 brach in England die Pest aus und die Universitäten wurden geschlossen. Newton kehrte in sein altes Heimatdorf zurück und sinnierte über Gott und die Welt, während um ihn herum seine Verwandtschaft sich auf dem Feld und mit den Tieren plagte. Newton saß indessen, so berichtet es uns sein großer Verehrer Voltaire, unter einem Apfelbaum und träumte vor sich hin. Da fiel ein Apfel auf seinen Kopf, Newton erwachte und erblickte am Abendhimmel den Mond. Warum, so fragte er, fällt mir der Mond nicht auf den Kopf? Die Kraft, die den Apfel zur Erde treibt, wirkt doch genauso auf ihn. Nun, der Schöpfer hat vielleicht zu Anbeginn der Welt dem Mond einen Impuls verliehen, der ihn von der Erde forttreibt. Würde die Erde mit ihrer Anziehungskraft nicht auf den Mond wirken, würde er dann mit konstanter Geschwindigkeit geradlinig von uns entfliehen. Aber, so schloss Newton, die Anziehungskraft der Erde setzt dieser Fluchtbewegung ein Fallen entgegen. Diese zusammengesetzte Bewegung, das Von-der-Erde-Wegtreiben und das Zur-Erde-Fallen, mag vielleicht bewirken, dass sich der Mond wirklich so verhält, wie es Kepler in seinen Gesetzen für die Bewegung der Planeten um die Sonne beschrieb.

Newton eilte in sein Zimmer des Bauernhofs und begann diesen Gedanken mit Rechnungen zu untermauern. Ein schwieriges Unterfangen. Denn er hat die Zusammensetzung der Flucht- und Fallbewegung in jedem Augenblick durchzuführen. Es geht ja nicht an, dass der Mond eine Stunde lang von der Erde wegfliegt, so als ob diese nicht auf ihn wirkte, und erst in der darauffolgenden Stunde der Mond gleichsam seine Fluchtbewegung „vergisst" und nur von der Erde angezogen wird. Und so etwas stimmt nicht einmal, wenn man eine Stunde durch eine Minute oder nur eine Sekunde ersetzte. In Wahrheit, so vermutete Newton, ist das Dreieck, bei dem die eine Seite die Fluchtbewegung, die andere Seite die zur Erde gerichtete Fallbewegung und die dritte Seite die daraus gebildete zusammengesetzte Bewegung symbolisiert, „un-

Die Bahn eines Planeten um die Sonne entsteht einerseits aus seiner von der Sonne tangential wegweisender Flucht (langer Pfeil) und andererseits aus dem zur Sonne radial gerichteten Fallen (kurzer Pfeil) aufgrund der Anziehungskraft, welche die Sonne auf den Planeten ausübt. Beide Bewegungsanteile setzen sich augenblicklich zusammen; nur mit einer bis ins „Unendlich-Kleine" vergrößernden Lupe nimmt sie Newton als geradlinig wahr.

endlich klein", denn es besteht ja nur im Augenblick. Newton erfand eine trickreiche Rechenmethode, die später unter dem Namen „Differentialrechnung" bekannt wurde, mit deren Hilfe er solche „unendlich kleinen" Dreiecke als gewöhnliche der Geometrie zugängliche Dreiecke zeichnen konnte.

All diese Rechnungen führte Newton innerhalb weniger Monate im Jahr 1666 durch, und das Ergebnis schien überzeugend: Auch der Mond ist an eine Ellipsenbahn um die Erde gebunden, und die Erde befindet sich im Brennpunkt dieser Ellipse. Genau genommen ist der Brennpunkt nicht haarscharf im Mittelpunkt der Erde. Denn wie die Erde den Mond, so zieht auch der Mond die Erde an. Die Erde dreht sich um diesen exzentrischen Brennpunkt; so erklärt Newton mit der Anziehungskraft des Mondes stimmig Flut und Ebbe, die Gezeiten der Meere und Ozeane.

Doch als Newton seine Rechnungen an den Daten überprüfen wollte, wurde er unsicher: Die ihm bekannte Entfernung des Mondes von der Erde in die Formeln eingesetzt, ergab nicht genau einen Monat als jene Zeit, die der Mond zur Umrundung der Erde benötigt. Carl Friedrich von Weizsäcker schildert im Buch „Die Einheit der Natur" die Begebenheit so: „Newton stellte fest, dass die Formel nahezu, aber eben nicht genau stimmte. Er ließ die Sache auf sich beruhen. Zehn oder fünfzehn Jahre lang kümmerte er sich nicht mehr um das Problem.

Dann kamen neue Messungen des Erddurchmessers und damit der Mondentfernung, und es zeigte sich, dass mit den neuen, verbesserten Daten Newtons Rechnung genau stimmte. Erst in diesem Augenblick wagte er, die Sache wieder aufzunehmen, und daran knüpfte seine Aufstellung des allgemeinen Gravitationsgesetzes an."

Kräfte im Himmel und auf der Erde

Schon Kepler hatte vermutet, dass eine geheimnisvolle Kraft die Planeten an die Sonne und den Mond an die Erde zwingt. Vielleicht, so vermutete er, war es eine Art magnetische Kraft: „Dass das Wasser vom Mond angezogen wird wie das Eisen vom Magnet, durch eine körperliche Einigungskraft der Massen", zeigt, wie genial Kepler die Schwerkraft als Erklärung der Flut vorausahnt. Newton beschreibt mathematisch, wie man eine Kraft messen kann: indem man die Masse des Körpers, der durch sie bewegt wird, mit der von dieser Kraft hervorgerufenen Beschleunigung multipliziert. Dies gilt bei der Kraft, mit der die Sonne die Planeten im Bann hält, genauso wie mit der Anziehungskraft zwischen Erde und Mond, und es gilt genauso beim Gewicht, das Körper zu Boden fallen lässt, oder bei der Muskelkraft, mit der ein Diskuswerfer die Scheibe fortschleudert.

Stabile Verhältnisse kann man herstellen, indem man eine Kraft mit einer gleich großen Gegenkraft kompensiert. Ein Schiff sinkt nicht, weil der Auftrieb des Wassers, der von der Verdrängung des Wasservolumens durch den Schiffskörper hervorgerufen wird, dem Gewicht des Schiffes entgegenwirkt. Uralte Erfahrungen der Handwerker und Mechaniker aus der Antike finden im Kraftbegriff Newtons eine neue Erklärung. Das von Archimedes vielfältig genutzte Hebelgesetz wird mit der mathematischen Physik Newtons neu begründet. Und völlig neue Einsichten hielt Newtons Mathematik bereit:

Jakob und Johann Bernoulli, ein Brüderpaar aus einer Schweizer Gelehrtenfamilie, wetteiferten im Auffinden von Anwendungen der Differentialrechnung. Sie hatten diese Rechenmethode jedoch nicht direkt von Newton erfahren, sondern von Gottfried Wilhelm Leibniz, mit dem sie korrespondierten, und der fast gleichzeitig mit Newton auch das Rechnen mit „unendlich kleinen" Dreiecken erfunden hatte.

In welcher Form hängt eine Kette herab, wenn man ihre beiden Enden festhält? Erst mit der Differentialrechnung erfährt man die Antwort. Brückenbauer nutzen sie bei der Konstruktion von Hängebrücken.

Wie bewegt man einen Körper von einem hoch gelegenen Punkt A zu einem seitlich entfernten und tiefer liegenden Punkt B unter dem Einfluss der Schwerkraft so, dass für diese Bewegung möglichst wenig Zeit verstreicht? Die Lösungskurve ist nicht gerade, sondern gekrümmt, wobei beide Bernoullis, jeder nach einer anderen Methode, ihre genaue Form errechneten.

Wie strömen Flüssigkeiten durch Rohre? Daniel Bernoulli, Johann Bernoullis Sohn, fand Lösungen, die man grafisch in den aussagekräftigen Stromlinienbildern festhält. An Stellen, wo die Stromlinien dicht gedrängt sind, zum Beispiel in engen Rohren, herrscht eine hohe Geschwindigkeit der Flüssigkeit, aber ein geringer Druck. An Stellen hingegen, wo die Stromlinien weit voneinander entfernt liegen, bewegt sich die Flüssigkeit nur langsam, aber es herrscht ein hoher Druck.

Eine Tatsache, die aus dem dichten Verkehr auf der Autobahn bekannt ist: In einem Baustellenbereich selbst fährt man auf den schmalen Spuren relativ flott dahin, wobei die Fahrzeuge respektvoll voneinander Abstand halten – große Geschwindigkeit, kleiner Druck in der Verengung. Vor dem Baustellenbereich hingegen staut der Verkehr, man kommt nur schrittweise vorwärts und die Autos sind dicht aneinandergedrängt – kleine Geschwindigkeit, hoher Druck auf der breiten Straße.

Die Tragflächen von Flugzeugen bauen auf dieser Erkenntnis auf: An der Oberseite der Tragfläche fließt die Luft in dicht aneinandergedrängten Stromlinien drüber hinweg: Es herrscht hohe Geschwindigkeit und geringer Druck. An der Unterseite der Tragfläche sind die Stromlinien hingegen weit voneinander entfernt; bei geringer Geschwindigkeit herrscht hoher Druck. Und dieser Druckunterschied bewirkt eine Auftriebskraft, welche das Flugzeug in die Höhe hebt. Dies ist einer der Gründe – nicht der einzige –, warum Gefährte, die schwerer als Luft sind, trotzdem fliegen können. Genaueres darüber erfährt man aus Werner Grubers unterhaltsamem Buch „Unglaublich einfach. Einfach unglaublich."

Und erst die mathematische Erfassung des Verhaltens von Flüssigkeiten und Gasen gestattete es den erfindungsreichen Ingenieuren, Wärmekraftmaschinen und Motoren zu konstruieren, die ein technisches Zeitalter einläuteten. Wie wirkungsvoll Mathematik darin waltet, kann man aus der folgenden beeindruckenden Tatsache ersehen: Vor ein paar Jahrzehnten war die Entwicklung von Automotoren von der Erprobung an Prototypen abhängig, wobei die Herstellung der einzelnen zu erprobenden Modelle sehr material-, arbeits- und zeitaufwendig war. Damals war dies jedoch unumgänglich, denn jede angedachte Veränderung musste an einem naturgetreuen Modell in ihrer Wirksamkeit und projektierten Verbesserung getestet werden. Heute jedoch braucht man nur mehr wenige ausgereifte Prototypen zu erproben. Denn nun arbeiten die Rechenmaschinen der Ingenieure so wirkungsvoll, dass man allein die Konstruktionspläne und die Materialwerte eingeben muss, und man erfährt aus der Rechnung bereits die relevanten Ausgangsdaten: Brennstoffverbrauch, Dreh-

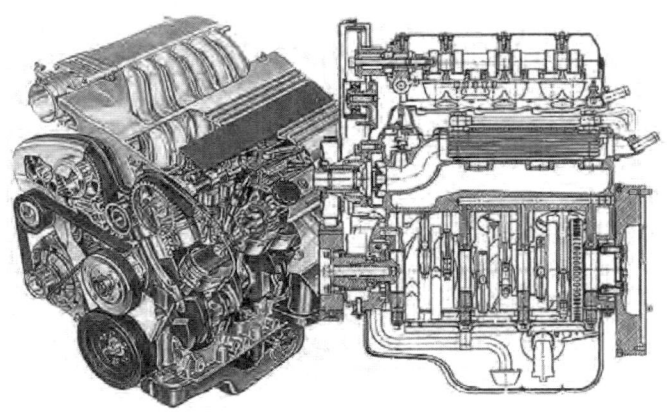

Das physikalische Verhalten eines Motors kann aus seiner mathematischen Konstruktion erschlossen werden.

momente, Lärmpegel und so weiter. Einen Prototypen in der Wirklichkeit herzustellen genügt, wenn man in den virtuellen Konstruktionen hundert und mehr Variationen durchgetestet hat. Ein vor der Entwicklung des Computers undenkbares Szenario.

Der Computer selbst verdankt seine Erfindung der Entdeckung einer anderen Kraft, die von der Schwerkraft, welche nach Newton die Himmelsbewegungen regiert, verschieden ist. Es ist die Kraft des Elektromagnetismus: Geladene Körper ziehen einander an oder stoßen einander ab, je nachdem, ob ihre Ladungen verschiedene oder gleiche Vorzeichen tragen. Und bewegte Ladungen, also elektrische Ströme, werden von Magneten abgelenkt und erzeugen ihrerseits selbst magnetische Felder. Es ist hier nicht der Platz, selbst skizzenhaft über die Erforschung der Elektrizität zu berichten. Wir alle wissen um ihre Bedeutung. Und dass die Entwicklung moderner Rechenmaschinen ohne sie unvorstellbar wäre, verstehen wir auch. Aber wie in der Mechanik ist auch in der Elektrotechnik die Mathematik das tragende Fundament: James Clerk Maxwell formulierte vier Gleichungen, die das elektromagnetische Feld bis in alle Details genau beschreiben, und Michael

Faraday erschloss aus seinen raffinierten Experimenten das mathematische Gesetz, welches uns mitteilt, welche Kräfte die Felder hervorrufen und damit geladene Körper in Bewegung versetzen.

Zu Faradays Zeiten schien die Theorie der Elektrizität noch weltabgehoben, eine Art mathematische Spielerei ohne Anwendungsbezug. Als der britische Finanzminister Faraday in seinem Labor besuchte und vor der mit Formeln vollgekritzelten Tafel nicht viel mehr als Batterien, Spulen, Kondensatoren, Pendel und Magnetnadeln sah, fragte er: „What is this good for?" („Wozu braucht man das?") Der österreichische Quantenphysiker Anton Zeilinger erzählt gerne, dass Faraday darauf antwortete: „Sir, in fünfzig Jahren werden Sie dafür Steuern einheben." Das ist gut geantwortet, aber die Antwort, die Zeilingers Kollege, der mathematische Physiker Walter Thirring überliefert, ist noch besser: Auf die Frage des Ministers „What is this good for?" replizierte Faraday: „What are babies good for?" („Wozu braucht man kleine Kinder?")

Der Schein einer digitalen Wirklichkeit

Alexander, ein kleines Kind, erst knapp drei Jahre alt, liebt das Zählen über alles: Bewältigt er Stufen hinauf oder hinunter, zählt er sie. „Eins, zwei, drei, vier, fünf, sechs." Ebenso die Teller auf dem Tisch, die Karten seines „Memory"-Spiels, die Stofftiere auf seiner Kommode – wo immer es etwas zu zählen gibt, ist er dabei.

„... 64, 65, 67" – „66" – „66, 67 ..." Alexanders ältere Schwester Laura hat sich an die Zählmanie ihres Bruders gewöhnt. Beim Rezitieren großer Zahlen überspringt er zuweilen eine, und sie korrigiert ihn. Dabei sieht Alexander gar keine Dinge, die er abzählt, während er so zählt. Der Bub hat intuitiv begriffen, dass man Zahlen nennen kann, die nicht auf etwas zu Zählendes bezogen sind. Er zählt im wahrsten Sinne des Wortes an und für sich.

„… 98, 99, 100." Alexanders Eltern atmen auf: Mit dem Erreichen von 100 scheint das Zähl-Gebet ihres Sohnes ein Ende gefunden zu haben. Manchmal aber versucht er, noch weiter vorzustoßen: Mit Worterfindungen wie „Einshundert, zweihundert … neunhundert, zehnhundert" oder Ähnlichem. Er weiß zwar nicht, wie es weitergeht, aber etwas ist ihm gewiss: Mit 100 ist das Zählen nicht beendet.

Alexander hat – natürlich ohne dies reflektieren zu können – all das erfasst, was in den Zahlen verborgen liegt: Dass sie mit eins anheben. Dass sie in einer sturen Monotonie aufeinanderfolgen. Dass sie ohne Bezug zu etwas Sinnlichem „existieren". Dass es keine naturgegebene Grenze, keine „letzte" Zahl gibt. Alexander ist für sein Alter intellektuell gut entwickelt. Aber es wäre befremdlich, würde er sich in den nächsten Monaten nicht von seiner Fixierung auf Zahlen lösen.

Zählen, immer nur zählen. Jedoch: So fremdartig, wie des kleinen Alexanders Welt von uns empfunden wird, sollten wir, als Kinder der digitalen Revolution, dem letzten und krönenden Akt der technischen Revolution, sie nicht erachten. Denn erst was „digitally remastered" ist, glauben wir hundertprozentig im Griff zu haben.

Das jüngste Beispiel ist der Verfall der Videokassette, die noch nach dem antiquierten Prinzip der Magnetaufzeichnung arbeitet, zugunsten der Digitalaufnahme, welche den Film, in eine riesige Zahl umgesetzt, bewahrt: Eine DVD, auf der „Der Dritte Mann" aufgezeichnet ist, speichert die spannende Szene, in der Joseph Cotten als Holly Martins und Orson Welles als Harry Lime einander beim Wiener Riesenrad treffen, als einen gesichtslosen Zahlencode, als wirre Folge von Nullen und Einsen, die in ihrer scheinbar stupiden Abfolge an aufeinanderfolgende Nummern eines Telefonbuchs erinnert.

In der Digitalisierung, der Rückführung auf die Zahl, liegt das Erfolgsgeheimnis der DVD. Denn aus ebendiesem Grund kann man sie in nie schwindender Qualität beliebig oft abspielen oder kopieren: Es werden ja bloß die Ziffern des in der DVD enthaltenen Zahlenmonsters abgeschrieben, und auch beim tausendsten Abrufen oder Kopieren bleibt dabei eine Null eine Null und eine Eins eine Eins. Und die digitale Simulation gebärdet sich echter als das Original. So echt, dass Wirklichkeit und Schein wie im Vexierbild die Rollen tauschen.

Ein Beispiel: Im Sommer des Jahres 2004 ereignete sich ein seltenes astronomisches Schauspiel: Die Venus, einer der beiden Planeten zwischen Sonne und Erde, zog so genau in der Ebene der Ekliptik vor der Erde an der Sonne vorbei, dass man sie von der Erde aus als kleinen schwarzen Punkt an der gleißenden Sonnenscheibe entlangziehen sah. Kepler hätte gerne noch einen solchen „Venusdurchgang" erlebt, der im Jahr 1631 stattfand, weil damit das Planetensystem genau vermessen werden kann, aber er starb ein Jahr davor. Beim Venusdurchgang des Jahres 2004 jedoch verkündete ein Wiener Nachrichtensender vollmundig: „Vor mehr als hundert Jahren mussten Astronomen noch mit ihren Fernrohren das Schauspiel des Vorbeiziehens der Venus an der Sonnenscheibe beobachten. Heute genügt dafür ein Klick im Internet."

Wie Süchtige verlassen wir uns auf das Digitalisierte, so als ob es das einzig Wahre wäre: bei elektronisch gesteuerten Autopiloten in Verkehrsflugzeugen, bei rechnerunterstützten Diagnoseverfahren in der Medizin, bei Computerprognosen im Aktiengeschäft. Überall. Unglücksfälle und historische Katastrophen werden mit Versicherungssummen und Entschädigungszahlungen aufgewogen. „Dieser Tod ist so absurd", klagt die Mutter eines verunglückten Drachenfliegers. Gleichzeitig verlangt ihr Anwalt Millionen. Sogar der Sinnlosigkeit trotzt die Zahl als Ausgleich. Einzig das Zählbare zählt.

Allerdings: Wir verlieren zunehmend den Überblick, wie die Fantasiesummen, mit denen wir ununterbrochen konfrontiert werden, zustande kommen. Mit zunehmender Komplexität der Berechnungssysteme und Computerprogramme schwindet rasant unsere Fähigkeit, Zahlenmanipulationen im Detail verstehend nachzuvollziehen.

Um es bildhaft zu verdeutlichen: Vor 50 Jahren konnte man noch die wippende Bewegung des Tonarms eines Plattenspielers verfolgen und begreifen, wie aus den Schwingungen, die von der Vinylplatte auf den Saphir übertragen wurden, durch Verstärkung das Geräusch aus den Lautsprechern entstand. Heute schiebt man eine CD in den Plattenspieler, und dieser funktioniert buchstäblich wie eine Blackbox: Man *darf* gar nicht hineinschauen, denn der im CD-Player befindliche Laser könnte den Augen schaden. Wir wissen zwar, dass „im Prinzip" der Zahlencode auf der CD-Scheibe die Illusion von Musik hervorbringt, aber wie dies genau vor sich geht, ist – mit der Ausnahme weniger ausgewiesener Experten, und auch diese beherrschen bloß Bruchstücke des Ganzen – uns allen ein unlösbares Rätsel.

Diesem eigenartigen Wechselspiel entkommen wir nicht. Das Digitale ist primitiv und komplex in einem: Es ist glasklar rational und zugleich mit der Aura des Numinosen behaftet. Je subtiler ein Prozess auf etwas Digitales reduziert wird, umso undurchsichtiger gerät seine praktische digitale Simulation. Diese Dialektik verlockt dazu, die Zahlen zu Idolen zu erheben. Sie simulieren nicht nur, sie erklären scheinbar alles. Dem staunenden Laien „im Prinzip", dem Hohepriester der Wissenschaft – eingeschränkt auf seine eng umgrenzte Disziplin – „im Detail".

Ökonomie und Physik nähren den Götzendienst der Zahl seit Langem, aber auch Chemie, Biologie, sogar Anthropologie. Die „Dekodierung des menschlichen Genoms" ist jene Schlagzeile, hinter der sich die Botschaft verbirgt: Der Mensch selbst sei digitales Objekt. Und als Echo hören wir das von wirren Fanatikern der „Künstlichen Intelligenz" wie Marvin Minsky, Hans Moravec oder Ray Kurzweil verkündete Credo: Es gelinge, dem Computer Seele und Bewusstsein einzuhauchen.

Chaos im Kosmos

Wie kompliziert die von Zahlen beherrschte Welt ist, erfuhr bereits Newton bei seiner mathematischen Beschreibung des Planetensystems. Denn das Kraftgesetz garantierte nur für ein System bestehend aus zwei Himmelskörpern, zum Beispiel aus Erde und Mond, Stabilität: Gäbe es im ganzen Weltall nur die Erde und den Mond, dann umrundete der Mond in alle Ewigkeit unsere Erde. Bei mehr als zwei Himmelskörpern aber wurden die Gleichungen so kompliziert, dass weder Newton noch seine Kollegen sie lösen konnten.

Voll Sorge betrachtete Newton die Umdrehungen der beiden größten Planeten unseres Sonnensystems, des Jupiters und des Saturns, um die Sonne. Während zweier Umläufe des Saturns legt Jupiter seine Bahn fünfmal zurück. Dadurch kommen die beiden Planeten immer wieder an derselben Stelle einander nahe. Newton gelang es nicht zu beweisen, was er hoffte, dass nämlich die großen Anziehungskräfte der beiden Riesenplaneten dem Sonnensystem als Ganzem nichts anhaben.

Newton war davon so sehr beunruhigt, dass er in einem Briefwechsel mit seinem Schüler Clarke den allmächtigen Gott als Ordnungsstifter in das sonst möglicherweise in ein Chaos driftende Planetensystem ins Spiel brachte: „Es ist keine Herabsetzung Gottes", schrieb er, „sondern die wahre Verherrlichung seiner Werke, wenn man sagt, dass nichts ohne seine immerwährende Leitung und Aufsicht vor sich geht."

Ein Jahrhundert später waren die mathematischen Methoden zur Berechnung von Planetenbahnen ausgefeilter als zu Newtons Zeit. Der französische Mathematiker und Astronom Pierre Simon de Laplace half gleichsam dem naiv der Leitung und Aufsicht des Weltenbauers vertrauenden Newton aus der Patsche: Er zeigte, dass das Verhältnis der Umlaufdauer von Jupiter und Saturn nur fast, aber nicht exakt 5 : 2 beträgt. Dadurch verschiebt sich der Punkt ihrer größten Annäherung in einem Zeitraum von Jahrhunderten. Laplace errechnete, dass die beiden Planeten nach etwa 900 Jahren von selbst zu ihren ursprünglichen Bahnen zurückkehren. Gott hatte seine Rolle als Beschützer und Erhalter des Sonnensystems eingebüßt. Bei einem Vortrag über die Himmelsmechanik antwortete Laplace auf Napoleons Frage, wo denn in seinem Kosmos der Schöpfer bliebe: „Sire, diese Hypothese benötige ich nicht."

Allerdings, damit waren beileibe nicht alle Hindernisse aus dem Weg geräumt. Denn auch Laplace gelang es nicht, die Gleichungen Newtons für mehr als zwei Himmelskörper exakt zu lösen. 1885 wollte der schwedische König Olaf II. die Angelegenheit endlich geklärt wissen. Wenn schon die Mathematiker unfähig seien, die von ihnen selbst erdachten Gleichungen zu lösen, so sollten sie wenigstens in der Lage sein, uns zu verraten: Wird das Planetensystem, so wie es ist, ewig weiter existieren, oder aber wird vielleicht Jupiter eines Tages mit Saturn zusammenstoßen, die Venus in die Sonne stürzen oder gar die Erde das Planetensystem auf Nimmerwiedersehen verlassen? Der König setzte ein hohes Preisgeld zur Lösung dieser Frage aus, mehr als zehn Vorschläge langten ein, aber keiner hielt der Prüfung des königlichen Beraters und Mathematikers Magnus Gösta Mittag-Leffler stand.

Endlich präsentierte Jules-Henri Poincaré, der am Ende des 19. Jahrhunderts herausragendste Mathematiker seiner Zeit, einen Aufsatz, in dem er mathematisch einwandfrei die Stabilität unseres Sonnensystems bewiesen zu haben glaubte. Olaf II. war davon fasziniert, das Preisgeld wurde Poincaré zugesprochen und Mittag-Leffler gründete sogleich eine mathematische Zeitschrift, als deren erster Artikel Poincarés Aufsatz vorgesehen war. Doch knapp vor dem Erscheinen entdeckte Poincaré eine Lücke in seiner Beweisführung. Sie ließ sich nicht schließen. Die ganze Anstrengung schien vergeblich, Poincaré versuchte das Erscheinen seines Artikels zu verhindern und musste mehr als sein Preisgeld dafür opfern, dass die gesamte schon gedruckte Auflage eingestampft wurde.

Jules-Henri Pioncaré
(1854–1912)

Aber wenn ein genialer Mathematiker einen fundamentalen Fehler begeht, dann kann selbst aus diesem noch Gewinn gezogen werden. Die Mathematiker des 20. Jahrhunderts griffen Poincarés Überlegungen erneut auf. Es war vor allem Jürgen Moser, der zeigte, dass ganz im Gegensatz zu Newtons und Poincarés Hoffnungen eine abschließende Antwort über die Stabilität des Sonnensystems nie und nimmer gegeben werden kann, weil kleinste Störungen der Planetenbewegungen zu unkontrollierbaren chaotischen Bewegungen führen können. Es scheint wie ein Wunder, dass unser Sonnensystem über Jahrmilliarden keine größere Katastrophe erlebte. In Computersimulationen, die der bereits oben genannte Walter Thirring mit Heide Narnhofer und anderen seiner Mitarbeiter seit Jahren durchführt, zeigt sich immer wieder: Bei mehr als einem sich um ein Zentralgestirn bewegenden Himmelskörper rotten sich plötzlich einige von ihnen ganz nahe am Zentralgestirn zusammen, und durch die dabei gewonnene Energie entschwindet ein anderer auf Nimmerwiedersehen ins unendliche All. Warum erleben wir so etwas nicht im Sonnensystem – wobei wir es kaum überleben dürften? Zwar zeigen die bisher durchgeführten Rechnungen, dass unser Sonnensystem noch für ein paar Millionen Jahre stabil bleiben wird, genug Zeit für unsere Kinder und Kindeskinder, aber was bedeuten diese schon gegen die mindestens fünf Milliarden Jahre, seit denen das Sonnensystem scheinbar wie ein Uhrwerk klaglos funktioniert. Warum hat es so lange alle Planeten auf ihren Bahnen gehalten und damit auf unserer Erde Leben und die Herankunft des Menschen gesichert? Wir wissen es nicht ...

Wir wissen nicht einmal, ob Apophis, der gefährliche Asteroid, nicht doch einmal die Erde gefährden könnte. Am 13. April 2029 wird er zwar nahe an uns vorbeiziehen. Aber genau sieben Jahre später, am 13. April 2036, kehrt er wieder. Dies wissen wir mit mathematischer Präzision. Würden wir die Beobachtungsdaten seiner Bahn hinreichend exakt kennen, könnten wir mit der gleichen mathematischen Präzision vorhersagen, ob Apophis auch am 13. April 2036 die Erde unbehelligt ließe. Aber leider stehen uns solche exakten Beobachtungen nicht zur Verfügung. Und daher bleibt ein – wenn auch sehr geringes – Risiko, dass, wenn schon nicht im Jahr 2029, so vielleicht am 13. April 2036 ein 25 Millionen Tonnen schweres Geschoss mit einer Geschwindigkeit von mehr als 40 000 Kilometer pro Stunde in die Erde kracht und den Globus erschüttert.

Alles ist Zeit

Mein Großvater pflegte zu sagen: „Das Leben ist erstaunlich kurz. Jetzt in der Erinnerung drängt es sich mir so zusammen, dass ich zum Beispiel kaum begreife, wie ein junger Mensch sich entschließen kann, ins nächste Dorf zu reiten, ohne zu fürchten, dass – von unglücklichen Zufällen ganz abgesehen – schon die Zeit des gewöhnlichen, glücklich ablaufenden Lebens für einen solchen Ritt bei Weitem nicht hinreicht."

Franz Kafka

1777, am Mittwoch vor Rogate

„Mutter, wann bin ich geboren?" Carl Friedrich Gauß, der später einmal „princeps mathematicorum", Fürst der Mathematiker, genannt werden sollte und tatsächlich nach Archimedes als bedeutendster aller Mathematiker gilt, fragte dies als kleiner Bub seine über alles geliebte Mutter.

Gauß stammte aus bescheidenen Verhältnissen. Er war das einzige Kind des Braunschweiger Handwerkers und Kaufmanns Gerhard Dietrich Gauß, der sich als Gärtner, Schlachter, Maurer, Kaufmannsassistent und Schatzmeister einer kleinen Versicherungsgesellschaft verdingte. Dorothea Gauß, Carl Friedrichs Mutter, arbeitete als Dienstmädchen, bevor sie Gerhard Dietrich Gauß heiratete. Als Tochter eines armen Steinmetzen war es ihr nicht vergönnt, wenigstens die Grundschule zu besuchen; schreiben und lesen zu lernen blieb ihr verwehrt, obwohl sie eine in hohem Grade intelligente, blitzgescheite Frau war. Daniel Kehlmann schildert berührend in seiner „Vermessung der Welt", wie ihr

Carl Friedrich Gauß
(1777–1855)

hochbegabter Sohn schon als Vierjähriger seinem Vater die Bedeutung der Buchstaben abrang und sich selbst das Lesen beibrachte:

„Auch die schwarzen Zeichen in den Büchern, welche zu den meisten Erwachsenen sprachen, nicht aber zu seiner Mutter und zu ihm, störten ihn. An einem Sonntagnachmittag ließ er sich von seinem Vater, aber wie stehst du denn da, Junge, einige erklären: das mit dem großen Balken, das unten weit ausschwingende, den Halb- und den ganzen Kreis. Dann betrachtete er die Seite, bis sich die noch unbekannten ganz von allein ergänzten und da plötzlich Wörter standen. Er blätterte um, diesmal ging es schneller, ein paar Stunden später konnte er lesen, und noch am selben Abend war er mit dem Buch, das übrigens langweilig war und immerzu von Christi Tränen und der Liebesreue des Sünderherzens redete, fertig. Er brachte es seiner Mutter, um auch ihr die Zeichen zu erklären, aber sie schüttelte traurig lachend den Kopf."

Doch der kleine Gauß fragte seine Mutter immer und immer wieder über die verschiedensten Dinge und Ereignisse seiner Bubenwelt. So auch, an welchem Tag und in welchem Jahr er geboren sei. „1777, am Mittwoch vor Rogate", war die Antwort der frommen Frau, die ihren Kalender nach den kirchlichen Feiertagen ausrichtete. Rogate, das lateinische Wort für die Aufforderung zu beten – nämlich um eine gute Ernte –, ist im evangelischen Kirchenjahr die Bezeichnung für den fünften Sonntag nach Ostern.

Damit war die Frage noch nicht so beantwortet, wie Gauß sie geklärt wissen wollte. Denn er war am üblichen Datum seines Geburtstages, an Tag und Monat im Kalender interessiert. Doch die Antwort seiner Mutter genügte ihm, denn nun galt es bloß festzustellen, an welchem Datum im Jahr 1777 Ostern gefeiert wurde. Da sucht man nach einem Kalender von 1777 und schaut dort nach, wäre die einfachste Lösung. Gauß aber dachte immer sehr gründlich und über die spezielle Fragestellung weit hinaus. Wie, so lautete sein Problem, wird das Osterdatum im Kalender überhaupt festgelegt? Wie kann man zu jedem Jahr exakt angeben, wann der Ostersonntag gefeiert wird? Bei Weihnachten ist das kein Problem, das Christfest fällt immer auf den 25. Dezember. Aber bei Ostern, das ein sogenanntes „bewegliches Fest" ist, sieht dies viel verworrener aus.

Ostern wird an einem Sonntag gefeiert, denn am Tag nach dem Schabat hat sich nach christlichem Glauben die Auferstehung ereignet. Schon deshalb kann Ostern nicht an einem festen Datum gefeiert werden. Aber die Sache verkompliziert sich dadurch, dass der Ostersonntag der erste Sonntag nach dem jüdischen Pessachfest sein soll. Pessach aber richtet sich nach dem Mond: Es findet bei Vollmond im Monat Nissan statt. Und Nissan selbst ist der Monat, in dem der Frühling beginnt. Aus diesem komplizierten Geflecht ergibt sich die Festlegung des Ostertermins: Es soll jener Sonntag sein, der auf den ersten Vollmond nach dem Frühlingsbeginn folgt.

So kompliziert, wie das klingt, ist auch die Formel, die sich der junge Gauß zurechtlegte, um für alle denkbaren Jahre den Ostertermin auszurechnen. Aber geschickt wie er war, gelang es ihm, die Formel so in einzelne Schritte zu zerlegen, dass sie auch ein mathematisch unerfahrener Laie ohne Weiteres nachvollziehen kann. Man braucht dafür nur die Kenntnis der vier Grundrechnungsarten.

Hier soll nicht der Platz sein, die Osterformel von Gauß im Detail zu erörtern. Interessierte können sie mühelos im Internet finden. Spannender als die Formel ist der Gedankengang, der Gauß zu ihr leitete. Aber auch hier wollen wir nicht alle Einzelheiten ausbreiten, sondern nur ein paar Aspekte beleuchten.

Ostern richtet sich nach dem Vollmond. Und die Zeit, die von einem Vollmond bis zum nächsten verstreicht, der sogenannte synodische Monat, dauert ziemlich genau 29 Tage und 12 Stunden. Darum haben Völker wie die Babylonier, die einen Mondkalender besaßen, die Monate abwechselnd 29 und 30 Tage lang sein lassen: Mit Beginn jeden Monats zeigt dann der Mond die gleiche Phase. Doch im Jahr, das ziemlich genau 365 Tage dauert, passen etwas mehr als 12 derartige Monate hinein: Weil sechs Monate mit 29 Tagen und sechs Monate mit 30 Tagen eine Summe von 354 Tagen ergeben, ist das Sonnenjahr um elf Tage zu lang. Der griechische Astronom Meton soll um 432 v. Chr. als Erster bemerkt haben, dass 19 mal elf, also 209, fast genau sieben mal 30 ist. Diese einfache Rechnung bedeutet, dass man in der Zeit von 19 Mondjahren mit 354 Tagen sieben dieser Mondjahre als „Schaltjahre" erklären sollte, die einen zusätzlichen, 30 Tage dauernden dreizehnten Monat besitzen. Dadurch gelingt es Meton, dass nach diesem 19 Mondjahre dauernden Zyklus ziemlich genau 19 Sonnenjahre vergangen sind. Auf die gleiche Idee verfiel fast um dieselbe Zeit der babylonische Astronom Kidinnu. Seit damals sind im antiken babylonischen, jüdischen und attischen Kalender das 3., 6., 8., 11., 14., 17. und 19. Jahr die langen dreizehnmonatigen Schaltjahre des nach Meton benannten, 19 Jahre dauernden Zyklus.

Für uns, die einen Sonnenkalender und keinen Mondkalender besitzen, bedeutet dies: Nach neunzehn Sonnenjahren besitzt der Mond am gleichen Kalendertag die gleiche Phase. Daher brauchte man nur die Liste der Vollmonddaten nach dem 21. März, dem Frühlingsanfang, für neunzehn aufeinanderfolgende Jahre aufzustellen, danach wiederholt sich dieser Rhythmus periodisch.

Doch ganz so einfach ist dies leider nicht. Denn es stimmt nur im Sonnenkalender, bei dem das Jahr genau 365 Tage dauert – man nennt dies, weil die alten Ägypter von einer solchen Jahresdauer ausgegangen sind, das „ägyptische Jahr". In Wahrheit dauert ein Jahr ungefähr um einen Vierteltag länger. Darum hatten Acoreus und Sosigenes, ägyptisch-hellenistische Astronomen, dem damaligen Herrscher der Welt, Julius Caesar, vorgeschlagen, jedes vierte Jahr als Schaltjahr mit 366 Tagen Länge zu führen. Nebenbei erwähnt: Die Monate im julianischen Kalender haben mit dem Mond selbst überhaupt nichts mehr zu tun. Sie sind bloß Erinnerungen an den zuvor im Römischen Reich geführten Mondkalender, der mit dem März, mit den berühmten „Iden des März", begann – darum heißt September übersetzt der siebente Monat, ebenso erklären sich die Namen Oktober, November, Dezember. Und warum unsere Monate gerade so viele Tage besitzen, wie wir es (mit der Fingerknöchelchenmethode) von den Eltern oder in der Schule lernten, ist eine eigene verworrene Geschichte, die hier nichts zur Sache tut.

Jedenfalls bringen die Schaltjahre den Neunzehnerzyklus der Kalenderdaten des Vollmonds nach dem 21. März in Unordnung; der Zyklus muss viermal so lang aufgezeichnet werden. Mit anderen Worten: Man hat die Liste der Vollmonddaten nach dem 21. März für 76 aufeinanderfolgende Jahre aufzustellen, danach wiederholt sich dieser Rhythmus periodisch.

Aber schon lauert die nächste Schwierigkeit: Die Vollmondtage nach dem 21. März fallen keineswegs immer auf den gleichen Wochentag, sondern durchlaufen auf schwer durchschaubare Art und Weise die sieben Tage der Woche. Erst nach siebenmaliger

Abfolge der oben genannten 76 Jahre dauernden Periode, also nach jeweils 532 Jahren, beginnt der Zyklus der Daten der Ostersonntage im Kalender von Neuem.

Eine Liste der 532 aufeinanderfolgenden Ostertermine aufzustellen, war die aufwendige Arbeit mittelalterlicher Rechenmeister, meist in Klöstern arbeitender Mönche. Ihre Kunst nannte man den Computus – im Wort Computer lebt sie bis heute fort.

Jedoch, das ist erst der Anfang. Denn die Sachlage wird dadurch verschlimmert, dass einerseits der metonische Zyklus zwar ziemlich, aber doch nicht ganz präzise ist: Der synodische Monat dauert eben doch ein klein wenig länger als neunundzwanzigeinhalb Tage. Andererseits ist das Sonnenjahr zwar ziemlich, aber doch nicht ganz präzise 365 Tage und einen Vierteltag lang, es dauert ein klein wenig kürzer. Doch all dies wirkt sich in den Berechnungen des Ostertermins, die ja für Jahrhunderte richtig sein sollen, aus. Gauß kannte all diese Heimtücken und überwand sie in seiner genialen Formel. Und dies eigentlich nur, um zu erfahren, dass er am 30. April 1777 geboren war.

Astronomisch genau gemessene Zeit

Weshalb, so darf man mit Recht fragen, hatten die ersten Hochkulturen so genau funktionierende Uhren und Kalender? Bereits den babylonischen Astronomen war bekannt, wie lange der synodische Monat, also die Zeit von einem Vollmond bis zum nächsten, dauert. Wir haben schon oben den guten Näherungswert von 29 Tagen und einem halben Tag erwähnt. Aber die Babylonier kannten die Dauer des synodischen Monats *auf die Sekunde* genau: 29 Tage, 12 Stunden, 44 Minuten und 3 Sekunden. Wie war eine so genaue Zeitbestimmung möglich?

In den siebziger Jahren des vorigen Jahrhunderts machte der Schweizer Schriftsteller Erich von Däniken mit der Hypothese Aufsehen, dieser Wert sei von außerirdischen Wesen den damals in Entwicklung befindlichen Hochkulturen mitgeteilt worden. Denn diese genaue Angabe einer Zeitdauer wäre mit den damals in Gebrauch befindlichen Sonnenuhren einfach unmöglich. Selbst bei den besten Sonnenuhren kann man die Zeit höchstens bis auf zwei Minuten genau ablesen; die Sonnenscheibe ist so breit und daher der Schatten notgedrungen so unscharf, dass eine genauere Zeitbestimmung sich nicht bewerkstelligen lässt. Daher, schloss von Däniken messerscharf, können die mit untauglichen Sonnenuhren ausgerüsteten Gelehrten der frühen Hochkulturen unmöglich selbst die auf Sekunden genaue Dauer des synodischen Monats ermittelt haben. Jemand anderer müsse es ihnen gesagt haben. Außerirdische Besucher wären die Quelle dieser Kenntnis. Es liege doch auf der Hand, dass uns geistig weitaus überlegene Raumfahrer aus den Tiefen des Weltalls die physikalischen und astronomischen Messdaten unseres Planetensystems, Sonne, Erde, Mond mit eingeschlossen, ermittelt haben, bevor sie auf der Erde landeten. Mit ihrer hoch entwickelten Technik wäre es ein Leichtes gewesen, die sekundengenaue Dauer des Monats zu bestimmen. Und das hätten sie den babylonischen Gelehrten erzählt und sie beauftragt, diese Daten schriftlich niederzulegen, damit sich Jahrtausende später Archäologen darüber wundern können.

Nebenbei bemerkt: 2000 Jahre später haben in Mittelamerika die Mayas ebenfalls einen bewundernswert genauen Kalender entwickelt und gleichfalls die Dauer des synodischen Monats auf die Sekunde genau angegeben. Es gilt als ausgeschlossen, dass die Hochkultur der Mayas mit der Babylons in irgendeiner Verbindung stand. Wie also sind die Mayas zu diesem erstaunlich exakten Wert gelangt? Für Erich von Däniken kein Problem: Die Besucher aus dem Weltall hätten das auch den Mayas verraten.

Doch niemand braucht Erich von Däniken zu glauben. Denn man kann die genaue Zeitangabe des synodischen Monats, die den frühen Hochkulturen gelang, einfacher und ohne Rückgriff auf mögliche außerirdische Besucher erklären:

Ein synodischer Monat ist nicht nur jene Zeitspanne, die zwischen zwei Vollmonden verstreicht, sondern auch jene Zeitspanne, die zwischen zwei Neumonden verstreicht. Sicher, den Vollmondtermin zu fixieren ist möglicherweise leichter, als festzustellen, wann exakt ein Neumond vorliegt, wann also der Mond sich genau zwischen Erde und Sonne befindet, sodass nur seine uns abgewandte Seite von der Sonne beleuchtet wird. Aber es gibt ein astronomisches Ereignis, bei dem man die präzise Lage des Mondes zwischen Sonne und Erde jedenfalls auf zehn Minuten genau festhalten kann: die Sonnenfinsternis.

Bei einer Sonnenfinsternis befindet sich der Mond nicht nur haargenau zwischen Erde und Sonne. Das ist bei jedem Neumond der Fall. Doch zumeist zieht der Mond ein wenig unterhalb oder ein wenig oberhalb der von der Erde zur Sonne gedachten geradlinigen Verbindungslinie an dieser vorbei. Die Ebene der Mondbahn um die Erde stimmt nämlich nicht genau mit der Ekliptik überein, also mit jener Ebene, auf der sich die Erde um die Sonne dreht, oder – was auf das Gleiche hinausläuft – auf der sich die Sonne scheinbar um die Erde bewegt. Doch bei einer Sonnenfinsternis erleben wir es tatsächlich, dass der Mond exakt die von der Erde zur Sonne gedachte geradlinige Verbindungslinie schneidet. Sonnenfinsternisse ereignen sich gar nicht so selten, wie man vielleicht vermuten würde, sie sind allerdings jeweils nur auf sehr begrenzten Gebieten der Erdkugel sichtbar. Schon eine Veränderung des Beobachtungsortes um ein paar Hundert Kilometer reicht aus, und die Verbindungsgerade zwischen Sonne und Mond wird verfehlt.

Man darf mit Sicherheit annehmen, dass die Astronomen des alten Babylon wie auch die Himmelsbeobachter der Mayas die von ihnen beobachteten Sonnenfinsternisse gewissenhaft registrierten und die Daten, an denen sie sich ereigneten, für künftige Generationen festhielten. Sie lernten dabei die Perioden kennen, mit denen sich die Finsternisse wiederholen, sie konnten sich also sogar recht gut auf die jeweils nächste Sonnenfinsternis vorbereiten.

So ist es sehr wahrscheinlich, dass die babylonischen Astronomen wie auch die Himmelsbeobachter der Mayas Daten von zwei Sonnenfinsternissen zur Hand hatten, zwischen denen sich ein Zeitraum von sagen wir rund 300 Jahren erstreckte. Sie wussten aus ihren Tabellen *genau*, wie viele synodische Monate in dieser Zeit vergangen sind. Für unsere Überlegung reicht es aus zu wissen, dass es sich um sicher mehr als dreitausend Monate wird gehandelt haben. Nun brauchten sie nur mehr die von ihnen – seien wir großzügig, ihre Messungen waren zweifellos präziser – jeweils auf zehn Minuten genau ermittelten Zeitpunkte der Sonnenfinsternisse voneinander abziehen. Die Differenz teilte ihnen mit der Unsicherheit von höchstens zwanzig Minuten mit, wie viel Zeit zwischen diesen beiden Sonnenfinsternissen verstrichen ist. Und diese Zeit brauchten sie jetzt bloß durch die genaue Zahl der inzwischen vergangenen Monate zu dividieren, um die haargenaue Dauer eines einzigen synodischen Monats zu erhalten.

Wichtig dabei ist, dass sich der Fehler des Ergebnisses dadurch auf weniger als ein Dreitausendstel von zwanzig Minuten, also auf einen Bruchteil einer Sekunde, verkleinerte. Dies ist der Grund, dass schon zu Beginn der Astronomie die Gelehrten über eine fantastisch genaue Kenntnis der Dauer des synodischen Monats verfügten.

Der Schatten der Zeit

Ähnlich einfallsreich waren die ägyptischen Astronomen bei der Bestimmung der Dauer eines Jahres. Zu diesem Zweck errichteten sie Obelisken, beeindruckend lang gezogene, frei stehende Gebilde. Das Wort kommt vom griechischen „obeliskos", das ursprünglich einen Bratspieß bezeichnete und dann die Bedeutung einer spitzen Säule erhielt. Und in der Tat: Ein Obelisk ist eine sehr hohe Säule, meist mit einem quadratischen Grundriss und mit vier extrem lang gezogenen Vierecken als Seitenflächen, die an ihrem oberen Ende eine kleine Pyramide als Spitze besitzt. Die ersten Obelisken findet man im alten Ägypten, der höchste unter ihnen wurde in der Zeit der Pharaonin Hatschepsut um 1460 v. Chr. errichtet, maß 32 Meter Höhe und hatte eine vergoldete Spitze. Er steht noch heute im Amun-Tempel in Karnak bei Luxor und zeugt von Größe und Macht der Herrscherin.

Die späteren Weltreiche bemühten sich, ebenfalls Obelisken aufzustellen. Einige dieser Obelisken wurden von Ägypten abtransportiert und in den Metropolen wieder errichtet, so in Rom, in Konstantinopel, dem heutigen Istanbul, in Paris, in London, in New York. Die von Papst Sixtus V. angeordnete Aufstellung des riesigen, dreihundert Tonnen schweren Obelisken am Vatikan in Rom am 13. April 1588 – der Bauleiter Domenico Fontana benötigte dafür 907 Menschen, 150 Pferde, 47 Seilwinden – war eine Sensation.

Andere Obelisken wurden neu konstruiert, so zum Beispiel der riesige Obelisk in Washington, das sogenannte Washington Monument. Es wurde 1884 errichtet und war damals mit seinen über 169 Metern Höhe das höchste Gebäude der Welt.

Obelisken symbolisierten für die Ägypter die steingewordenen Strahlen des Sonnengottes. Sie sollten die niedere Welt der Menschen mit der hohen Welt der Götter in Verbindung bringen. Aber die klugen Ägypter konnten mit Hilfe der Obelisken noch viel mehr anstellen, als bloß die religiösen Empfindungen des Volkes mit Symbolen bedienen. Ein senkrecht zur Erdoberfläche aufgestellter Obelisk erlaubte es ihnen, anhand seines Schattens genau den Lauf der Sonne zu verfolgen und Zeit in Geometrie zu verwandeln.

Zum einen wandert der Schatten der Obeliskenspitze während jeden Tages von Westen über Norden nach Osten, denn die Sonne bewegt sich im Tageslauf ja scheinbar von Osten über Süden nach Westen. Jene Stunde, bei der der Schatten am kürzesten ist, kennzeichnet den Höchststand der Sonne zu Mittag. Damit gelang es sehr leicht aufzudecken und für immer am ebenen Boden festzuhalten, in welche Richtung Norden zeigt.

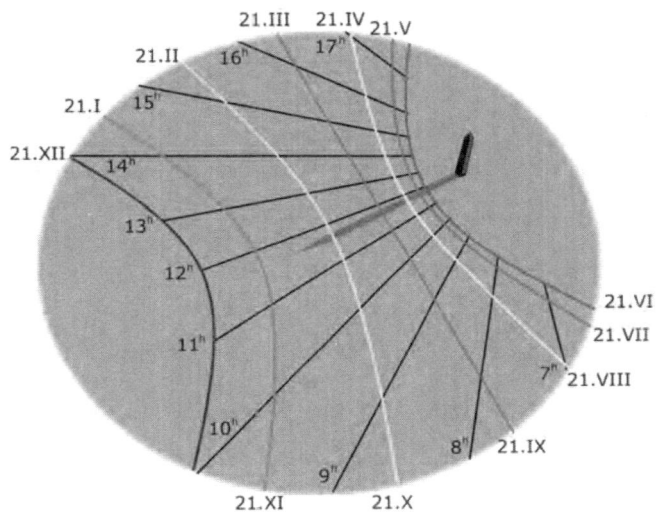

21.III 21.IV 21.V

21.II 16^h 17^h

21.I 15^h

21.XII 14^h

13^h

12^h

11^h

10^h

9^h

21.XI 21.X

21.VI
21.VII
7^h 21.VIII

8^h 21.IX

Der Schatten der Obeliskenspitze zeigt nicht nur die Tageszeit, sondern auch die Jahreszeit. Der Schatten wandert im Tag von Westen nach Osten und zeigt zu Mittag, wenn er am kürzesten ist, genau nach Norden. Am 21. Dezember, zur Wintersonnenwende, ist der Schatten während des Tages am längsten. Am 21. Juni, zur Sommersonnenwende, ist der Schatten während des Tages am kürzesten. Zu Frühlings- und Herbstbeginn durchläuft der Schatten der Obeliskenspitze während des Tages eine exakt gerade Linie.

Aber das ist noch nicht alles. Denn die Ägypter verfolgten auch den Verlauf des Schattens während aller Tage eines Jahres. Und da stellten sie fest, dass in den Wintermonaten der Schatten des Obelisken weitaus länger ist als in den Sommermonaten. Wenn sie den Lauf des Schattens der Obeliskenspitze für einen bestimmten Tag eines Monats, zum Beispiel immer am 21. Tag des jeweiligen Monats, den ganzen Tag lang in den Boden gravierten, hatten sie mit Hilfe des Obelisken nicht nur eine Tagesuhr, sondern auch einen Sonnenkalender für ein ganzes Jahr, wenn man so will: eine Jahresuhr, geschaffen.

Die klugen Ägypter maßen auch, unter welchem Winkel an den Tagen der Sonnenwende, an denen also die Sonne entweder

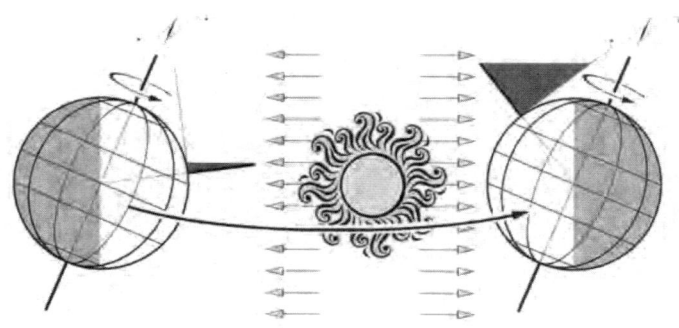

21. Juni, 12 Uhr   **21. Dezember, 12 Uhr**

Die vom Süd- zum Nordpol führende Erdachse ist zur Ekliptik, der Ebene, in der die Erde die Sonne umrundet, stets im gleichen Winkel geneigt. Dies hat zur Folge, dass die Sonne im Verlauf eines Jahres in verschiedenen Winkeln die Erde beleuchtet. Im Sommer besitzt ein Obelisk einen viel kürzeren Schatten als im Winter.

den kürzesten aller möglichen Schatten oder den längsten aller möglichen Schatten zu Mittag wirft, die Sonnenstrahlen den Erdboden treffen. In Gizeh beim heutigen Kairo, wo sich die großen Pyramiden befinden, wirft der Obelisk am 21. Juni, am Tag der Sommersonnenwende, nur einen Schatten von sechseinhalb Grad, während er am 21. Dezember, am Tag der Wintersonnenwende, sogar zu Mittag einen Schatten von 53,5 Grad wirft. So fanden die ägyptischen Himmelsbeobachter heraus, dass sich die Sonne während eines Jahres 47 Grad auf der scheinbaren Himmelskugel auf und ab bewegt und aus diesem Grund die verschiedenen Jahreszeiten entstehen.

Am interessantesten waren die beiden Tage im Jahr, an denen die Sonne haargenau im Osten auf- und im Westen untergeht. An diesen beiden Zeitpunkten, dem Frühlingspunkt zur Zeit des 21. März und dem Herbstpunkt zur Zeit des 23. September, zieht der Schatten der Obeliskenspitze auf dem Erdboden eine schnurgerade Linie, die von West nach Ost führt. Die Astronomen der alten Epochen haben sich in der Landschaft über Entfernungen von Hunderten von Metern Visierpunkte aufgebaut, mit denen sie den Aufgangsort der Sonne am Horizont an jedem Tag mit erstaunlicher Genauigkeit festlegen konnten. Die Basislinien der ägyptischen Pyramiden bilden solche Visierlinien. Auch die Ausrichtung der Steinblöcke des vor mehr als viertausend Jahren errichteten „Stonehenge" in der englischen Grafschaft Wiltshire diente vermutlich zur genauen Bestimmung der Sonnenaufgangs- und der Sonnenuntergangspunkte am Horizont.

Über Jahrzehnte durchgeführte genaue Messungen entlang dieser Visierlinien erlaubten den Gelehrten die genaue Bestimmung der Jahreslänge. Im alten Ägypten wurde seit urdenklichen Zeiten das Jahr mit 365 Tagen angenommen. Der Priesterschaft war zwar bewusst, dass ein Jahr eigentlich fast einen Vierteltag länger dauert, doch in der konservativen ägyptischen Gesellschaft ließ sich eine Verbesserung des Kalenders nicht durchsetzen. Erst mit dem Dekret des Julius Caesar, auf drei 365 Tage dauernde Jahre ein Jahr mit 366 Tagen folgen zu lassen, wurde die astronomisch genau gemessene Jahreslänge annähernd gut berücksichtigt.

Annähernd gut, aber noch immer nicht völlig exakt. Denn in Wahrheit beträgt die Zeitspanne zwischen zwei Durchgängen der Sonne durch den Frühlingspunkt knapp weniger als 365 Tage und einen Vierteltag. Schon im Jahr 730, also 405 Jahre nachdem im Konzil von Nicäa der 21. März als Tag des Frühlingspunkts bestätigt worden war, stellte der angelsächsische Mönch Beda Venerabilis fest, dass die Sonne schon drei Tage früher den Frühlingspunkt durchwandert. Alle 128 Jahre verschob sich der Zeitpunkt des Durchgangs der Sonne durch den Frühlingspunkt um einen Tag. Doch es dauerte noch Jahrhunderte, bis diese Ungereimtheit beseitigt wurde.

Erst 1582 reagierte auf Ratschlag seiner mathematisch versierten Berater Papst Gregor XIII. auf den bereits um zehn Tage aus dem Lot geratenen Kalender. Um dies wieder in Ordnung zu bringen, verfügte Papst Gregor, dass auf Donnerstag, den 4. Oktober 1582, unmittelbar Freitag, der 15. Oktober, zu folgen hätte.

Die zehn Tage dazwischen gibt es demnach überhaupt nicht. Aber dieser scheinbare Zeitensprung hatte zur Folge, dass der astronomische Frühling wieder so am 21. März beginnt, wie es das Konzil zu Nicäa vorsah.

Und damit dies auch in aller Zukunft so bleibt, dekretierte Papst Gregor weiter: Die Jahre der Jahrhundertenden, also 1600, 1700, 1800, 1900, 2000, 2100 und so weiter, sollen nur dann Schaltjahre sein, wenn sie durch 400 teilbar sind. Mit anderen Worten: 1600 war ein Schaltjahr, 1700, 1800, 1900 aber nicht, obwohl jeweils vier Jahre zuvor und danach Schaltjahre gewesen sind. 2000 war wieder Schaltjahr, aber 2100 wird kein Schaltjahr sein.

Um diese Regel verstehen zu können, wollen wir überlegen, aus wie vielen Tagen nach diesem gregorianischen Kalender 400 Jahre bestehen. Da ist zunächst 365 mit 400 zu multiplizieren, was 146 000 ergibt. Dazu kommen noch die Schaltjahrtage in diesen vier Jahrhunderten. Das sind, weil drei der durch vier teilbaren Jahrhundertenden als Schaltjahre ausfallen, insgesamt 100 minus 3, also 97 Schaltjahrtage. Insgesamt bestehen daher die 400 Jahre des gregorianischen Kalenders aus 146 097 Tagen. Teilt man diese Zahl durch 400, erhält man eine mittlere Jahreslänge von 365,2425 Tagen. Das ist wirklich nur mehr um einen Hauch größer als die astronomisch exakt vermessene Jahreslänge von 365,2422 Tagen. Jetzt ist der Unterschied nur mehr so winzig, dass es etwa 3300 Jahre dauert, bis dieser Unterschied sich wieder zu einem Tag angewachsen hat. Es würde genügen, dass man zum Beispiel das Jahr 4800, das nach der gregorianischen Regel eigentlich ein Schaltjahr sein müsste, einfach kein Schaltjahr sein lässt. Dann hätte man den Kalender wieder für weitere 3300 Jahre ins Lot gebracht. Dies zur Beruhigung für alle diejenigen, die sich jetzt schon um die Zeitrechnung im Jahr 4800 Sorgen machen.

Zeit ist, was man mit der Uhr misst

Es ist erstaunlich, dass gerade die Messung der Zeit, beginnend mit den frühen Hochkulturen und endend mit Gregor XIII. in der Renaissance, dem Hohepriester der jeweiligen Religion vorbehalten war. Selbst Julius Caesar hatte die Einführung seines für das gesamte römische Weltreich geltenden Kalenders in seiner Funktion als „pontifex maximus", als höchster Mittler zwischen der Götter- und der Menschenwelt, erlassen. Zeit ist etwas Geheimnisvolles. Keiner unserer fünf Sinne kann Zeit direkt fassen. Wir erfahren Zeit selbst nie, nur die Spuren, die sie hinterlässt, sind unübersehbar: Dass wir altern und die Welt mit uns. Dass es Bewegung, Veränderung gibt. Dass im Grunde nichts Bestand hat, nicht einmal die Steine, die nach Äonen zerbröseln, und auch nicht die Sterne, die in Myriaden von Jahren verglühen.

Vor der Aufklärung beherbergte die Welt auf der einen Seite die vielen von jeglicher Bildung Ausgeschlossenen, die blind den Anweisungen ihrer religiösen Führer vertrauenden Menschen, und auf der anderen Seite die wenigen Gebildeten, die des Lesens, Schreibens und vor allem des Rechnens kundigen Privilegierten. Damals war das Geheimnis, wie man Zeit misst, bei den wenigen Kundigen, den Zuträgern der Herrschenden und des Hohepriesters, gut verwahrt. Aber schon bei der gregorianischen Kalenderreform erwies sich diese Trennung zwischen den vielen Unmündigen und den wenigen Wissenden als brüchig. Dementsprechend wurde die gregorianische Reform auch nur zögerlich befolgt: zuerst nur von den damals katholischen Ländern, aber zum Beispiel vom protestantischen England erst ab dem 2. September 1752 und in Russland erst zu Beginn des 20. Jahrhunderts.

Denn schon vor der gregorianischen Kalenderreform hatte man Instrumente zur Hand, die mühelos, vor allem ohne auf den Himmel blicken zu müssen, die Zeit zu messen erlaubten: Bereits seit Ende des 13. Jahrhunderts waren in den Klöstern die ersten Räderwerke in Gebrauch, die man wie Uhren verwendete. Um 1430 wurde die Uhrfeder erfunden, und 1510 gab es das von Peter Henlein hergestellte „Nürnberger Ei", eine Taschenuhr, die ihren eigenartigen Namen einem Sprechfehler verdankt: aus „Ührlein" wurde ein „Eierlein".

Der junge Galilei soll zur Naturwissenschaft verleitet worden sein, als er während einer lang dauernden Messe im Dom zu Pisa auf den riesigen Luster blickte, der von der Decke herabhing. Ein Windstoß brachte ihn in Bewegung. Und der Luster pendelte hin und her, immer im gleichen Rhythmus, scheinbar ohne zu erlahmen. Seit da an war Galilei überzeugt, dass man mit Hilfe von Pendeln die Zeit sehr genau messen kann. Aber die Konstruktion der ersten funktionierenden Pendeluhr, in der das Hin- und Herschwingen des Pendels in den gleichmäßigen Lauf eines Räderwerks übertragen wurde, gelang erst Christiaan Huygens. 1657 lässt er sich die Erfindung patentieren und er verbessert sie kontinuierlich. Mit höchster Genauigkeit berechnet er die nötige Größe der Zahnräder, welche die Einteilung der Stunde in 60 Minuten und der Minute in 60 Sekunden nachvollziehen. Mit zusätzlichen Zahnrädern konnte sogar die Angabe der Mondphasen und des Jahresdatums nachgebildet werden.

Mechanische Uhren sind wahre Wunderwerke. Selbst in ihrer einfachsten Ausführung mit nur einem Stunden- und einem Minutenzeiger erinnern sie ein wenig an das alte Prinzip der Sonnenuhren: der Zeiger als Abbild des wandernden Schattens eines Obelisken. Es ist kaum übertrieben, wenn man behauptet, dass in einer Uhr die Bewegungen der Himmelskörper nachgeahmt werden. Die Uhr ist ein Universum im Kleinen.

Von da her mag im Umkehrschluss auch das Bild stammen, dass das ganze Universum wie ein riesiges Uhrwerk gestaltet ist und deshalb auch berechenbar sein müsste.

Noch erstaunlicher aber ist, dass ein Pendel völlig synchron zur Bewegung der Sonne schwingt. Denn naiv betrachtet hat das

Hin und Her des Pendels einer Wanduhr nichts mit dem scheinbaren Lauf der Sonne während eines Tages um die Erde zu tun. Doch mit absoluter Präzision vergeht bei einem 99,4 Zentimeter langen Pendel nach exakt 86 400 Ausschlägen, also nach exakt 86 400 Sekunden, ein Tag. Und dies stimmt über Jahrhunderte hinweg für alle Tage. Aristoteles, der noch zwischen einer irdischen Sphäre, der das Pendel angehört, und einer himmlischen Sphäre, der die Bewegungen der Himmelskörper angehören, unterschied, hätte das nicht verstanden. Für ihn wäre diese Übereinstimmung ein glattes Wunder. Nicht aber mehr für Galilei, der den Unterschied zwischen irdischer und himmlischer Sphäre aufhob. Denn Galilei zufolge regieren in beiden Sphären, im gesamten Weltall, die gleichen physikalischen Gesetze. Und Isaac Newton benennt das den Lauf der Sonne und das Schwingen des Pendels beherrschende Gesetz: Es ist das Gesetz der Schwerkraft.

Mit Hilfe elektromagnetischer Schwingungen kann man ebenfalls Uhren konstruieren, die mindestens so gut funktionieren wie mechanische Uhren. Auch sie laufen zur kosmischen Uhr der Himmelskörper synchron. Anscheinend gibt es eine „Einheit der Natur", von der die Physik ausgeht und die Uhren, wie auch immer sie gebaut sein mögen, aufeinander abzustimmen erlaubt. Mit der Erfindung immer genauer laufender Uhren eroberten die in den Labors arbeitenden Physiker nach und nach die Souveränität über die Zeit. Die religiösen Würdenträger hatten sie nach Gregors Reform endgültig abgegeben, und auch den Astronomen wurde sie schließlich entrissen. Doch für den Laien ist der Unterschied unerheblich. Nur grob kann man die Mechanik eines altmodischen Uhrwerks verstehen, und bei den modernen Funkuhren muss man sich auf die Zuverlässigkeit der Herstellerfirma heutzutage genauso verlassen wie seinerzeit auf die Zeitangaben von Weihrauchkessel schwingenden Priestern.

Das Trugbild der absoluten Zeit

An einem Maitag des Jahres 1905 soll, so berichtet die Anekdote, ein Beamter dritter Klasse des Berner Patentamtes mit seinem Freund auf einer Anhöhe über Bern gestanden sein. Der Beamte deutete auf einen Uhrturm der Stadt Bern und auf einen Turm des benachbarten Ortes Muri. Sie zeigten unterschiedliche Zeiten. Die Uhren Berns waren schon über elektrische Signale gleichgeschaltet. Der aristokratische Vorort Muri dagegen hatte sich noch seine eigene Ortszeit bewahrt. Der Beamte erklärte seinem Freund an diesem Beispiel die Schwierigkeiten der Uhrensynchronisation, damals ein hochaktuelles Problem, mit dem er sich aufgrund der Patentanträge verschiedener Erfinder intensiv beschäftigte.

Der Beamte war selbst ein begabter Erfinder. In seinem späteren Leben entwickelte er eine möglichst reibungsfreie Lagerung für einen Kreiselkompass und eine elektrodynamische Pumpe für ein leitendes Kältemittel in Kühlschränken. Aber diese Dinge waren eher Spielereien, Ablenkungen von dem, was ihn wirklich interessierte: die physikalische Bedeutung von Raum, Zeit, Materie.

Die mit seinem Freund erörterte Frage, wie man an allen Bahnhöfen Europas dafür sorgen könne, dass die Uhren stets die gleiche Zeit anzeigen, wurde damals mit großer Akribie von Ingenieuren erörtert. Züge galten als der Inbegriff der Moderne, und der Fortschritt der Technik manifestierte sich darin, dass selbst über weite Strecken, von Paris nach Berlin, von Rom nach Wien, die Züge pünktlich eintreffen.

So ist es nicht verwunderlich, dass Albert Einstein, so der Name des damals weithin völlig unbekannten Patentbeamten, sich anhand eines Zuges ein raffiniertes Gedankenexperiment überlegte:

Man stelle sich vor, ein langer Zug durchmesse mit großer Geschwindigkeit eine schnurgerade Strecke. Am Rand der Bahnstrecke sind Kilometersteine aufgestellt. Wir stellen uns weiterhin vor, dass auf jedem der Kilometersteine eine Lampe angebracht sei, die dann aufblitzt, wenn entweder die Vorderfront des Zuges den Kilometerstein passiert, oder wenn das Zugende am Kilometerstein vorbeifährt. Schließlich stellen wir uns vor, dass auch an der Spitze und am Ende des Zuges je eine Lampe angebracht ist, die immer dann ins Zuginnere hineinleuchtet, wenn die Zugspitze oder das Zugende einen Kilometerstein passiert.

Eines ist klar: Immer wenn die Vorderfront des Zuges an einem Kilometerstein vorbeifährt, blitzen zwei Lampen gleichzeitig auf: die Lampe dieses Kilometersteins und die Lampe bei der Lokomotive. Dies wird ja durch den oben beschriebenen Mechanismus bewerkstelligt und kann ohne Weiteres beobachtet werden, weil die beiden Ereignisse praktisch am gleichen Ort stattfinden. Ebenso blitzen zwei Lampen gleichzeitig auf, wenn das Zugende an einem Kilometerstein vorbeifährt: die Lampe dieses Kilometersteins und die Lampe am Zugheck. Auch das soll ja durch den oben beschriebenen Mechanismus so eingerichtet sein und kann ebenfalls mühelos beobachtet werden, weil auch diese beiden Ereignisse praktisch am gleichen Ort stattfinden.

Nun aber fragen wir: Blitzen, wenn der fahrende Zug einen Kilometer lang ist, die beiden an benachbarten Kilometersteinen angebrachten Lampen, an denen Vorder- und Hinterfront des Zuges vorbeifahren, auch gleichzeitig auf? Weil Kilometersteine genau einen Kilometer voneinander entfernt sind, müsste dies eigentlich der Fall sein. Doch der gründlich denkende Einstein erinnerte sich an den Ausflug mit seinem Freund Michele Besso, als sie von der Anhöhe aus die Uhr von Bern und die Uhr von Muri betrachteten. Selbst wenn beide Turmuhren die gleiche Zeit zeigen, könnte es doch sein, dass sie den Glockenschlag der Berner Uhr um ein paar Augenblicke früher vernehmen als den Glockenschlag der Uhr von Muri. Denn wenn ihre Anhöhe näher bei Bern liegt, braucht der Schall der Berner Uhr weniger Zeit, um an ihr Ohr zu gelangen, als der Schall der Uhr von Muri.

Beim Licht ist es ähnlich. Allerdings ist die Ausbreitungsgeschwindigkeit des Lichtes mit dreihunderttausend Kilometern in einer Sekunde unfassbar groß, fast eine Million Mal größer als die Schallgeschwindigkeit in der Luft, aber dennoch: Wenn man ganz präzise vorgehen will, hat man einen Streckenwärter genau in die Mitte zwischen die beiden Kilometersteine zu stellen. Der Zug fährt vorbei, die Lampen an den Kilometersteinen blitzen auf, die Lichtwellen breiten sich mit Lichtgeschwindigkeit von diesen beiden Lampen aus. Treffen sie gleichzeitig beim Streckenwärter ein, hat der Streckenwärter präzise gemessen, dass der fahrende Zug genau einen Kilometer lang ist.

Das alles ist ja völlig einsichtig und klingt ganz harmlos. Nun aber stellen wir uns einen Schaffner vor, der sich gerade in der Mitte des Zuges aufhält. Blitzen auch für ihn die an Zugspitze und Zugende angebrachten Lampen gleichzeitig auf? Natürlich, denkt man unwillkürlich, was der Streckenwärter registriert, sollte auch der Schaffner sehen. Doch seien wir genau: Der Zug fährt an den Kilometersteinen vorbei, die Lampen an Zugspitze und Zugende blitzen auf, die Lichtwellen breiten sich mit Lichtgeschwindigkeit von diesen beiden Lampen aus. Aber während der Zeit dieser Lichtausbreitung bewegt sich der Zug und mit ihm der Schaffner ein klein wenig nach vorwärts, sodass der von der Zugspitze kommende Lichtstrahl um einen Hauch früher eintrifft als der vom Zugende kommende Lichtstrahl. Darum sagt der Schaffner: „Die Lampe bei der Lokomotive hat ein wenig früher geleuchtet als die Lampe am Heck des Zuges." Und er stellt damit zugleich fest, dass aus seiner Sicht die Kilometersteine weniger weit voneinander entfernt sind, als der Zug lang ist.

Wer diese Geschichte zum ersten Mal hört, glaubt auf einen Taschenspielertrick hereingefallen zu sein. Und Erklärungen, die den scheinbaren Widerspruch aufzulösen scheinen, hat man rasch bei der Hand.

Eine der Ausflüchte lautet: Es macht halt doch einen Unterschied, ob man sich bewegt oder ob man ruht. Aber aus sehr gutem Grund kann sich seit Galilei die Physik mit diesem Argument nicht anfreunden. Denn alle Erfahrung lehrt, dass in einem geradlinig mit konstanter Geschwindigkeit durch die Gegend gleiten-

Einsteins Gedankenexperiment aus der Sicht des Beobachters am Bahnsteig:
1. Bild: Auf Kilometersteinen befinden sich Lampen, und auch an Zugspitze und
Zugende sind Lampen angebracht. 2. Bild: Wenn die Zugspitze bzw. das Zug-
ende die Kilometersteine passieren, leuchten die entsprechenden Lampen auf.
3. Bild: Das Licht der Lampen breitet sich mit Lichtgeschwindigkeit aus; in-
zwischen fährt der Zug weiter. 4. Bild: Das sich ausbreitende Licht der vorderen
Lampen trifft beim auf dem Zug stehenden Beobachter ein. 5. Bild: Das sich aus-
breitende Licht der vorderen und der hinteren Lampen trifft gleichzeitig beim am
Bahnsteig postierten Beobachter ein. 6. Bild: Das sich ausbreitende Licht der hin-
teren Lampen trifft beim auf dem Zug stehenden Beobachter ein.

den Zug die gleiche Physik herrscht wie am Bahnhof. Man kann,
wenn man nicht gerade zufällig aus dem Fenster blickt, gar nicht
entscheiden, wie schnell man fährt, ja ob man überhaupt fährt.
Dies ist das berühmte Relativitätsprinzip: Mit dem gleichen
Recht, mit dem man den Schaffner fragen kann, ob der Zug an
Neunkirchen vorbeifährt, darf man den Schaffner fragen, ob
Neunkirchen am Zug vorbeifährt.

Einsteins Gedankenexperiment aus der Sicht des Beobachters auf dem Zug: 1. Bild: Auf Kilometersteinen befinden sich Lampen, und auch an Zugspitze und Zugende sind Lampen angebracht. 2. Bild: Wenn der vordere Kilometerstein die Zugspitze passiert, leuchten die vorderen Lampen auf. 3. Bild: Wenn der hintere Kilometerstein das Zugende passiert, leuchten die hinteren Lampen auf. 4. Bild: Das sich ausbreitende Licht der vorderen Lampen trifft beim auf dem Zug stehenden Beobachter ein. 5. Bild: Das sich ausbreitende Licht der vorderen und der hinteren Lampen trifft gleichzeitig beim am Bahnsteig postierten Beobachter ein. 6. Bild: Das sich ausbreitende Licht der hinteren Lampen trifft beim auf dem Zug stehenden Beobachter ein.

Eine andere Erklärung besagt: Der Schaffner hat zu bedenken, dass sich nur auf der ruhenden Erde das Licht mit der Lichtgeschwindigkeit ausbreitet. Im fahrenden Zug aber kommt er den Lichtwellen, die von der Lampe bei der Lokomotive stammen, entgegen, daher trifft dieses Licht mit einer größeren Geschwindigkeit bei ihm ein, und er entfernt sich von den Lichtwellen, die von der Lampe am Zugheck stammen, daher verzögert sich die Ankunft dieses Lichts. Die Lampen an Zugspitze und Zugende haben zwar gleichzeitig aufgeleuchtet, doch aufgrund der verschiedenen Geschwindigkeiten hat sie der Schaffner in der Zugmitte zu verschiedenen Zeiten wahrgenommen.

Aber auch dieses Argument erweist sich als unhaltbar. Denn die Lichtgeschwindigkeit errechnet sich aus den Gesetzen des Elektromagnetismus, die in fahrenden Zügen genauso befolgt werden wie auf der scheinbar festen Erde. („Scheinbar" deshalb, weil auch die Erde zehnmal schneller als eine abgeschossene Kanonenkugel um die Sonne rast.) Die Lichtgeschwindigkeit ist unabhängig davon immer die gleiche. Auch wenn man einer Lichtquelle mit halber Lichtgeschwindigkeit entgegenfliegt, das Licht von ihr trifft mit 300 000 Kilometern in der Sekunde ein. Und selbst wenn man einer Lichtquelle mit zwei Drittel Lichtgeschwindigkeit entflieht, das Licht von ihr hechelt einem deshalb nicht mit einem Drittel Lichtgeschwindigkeit nach, sondern eilt noch immer mit der gleichen Geschwindigkeit auf einen zu: 300 000 Kilometer in der Sekunde. Es klingt zwar unglaublich, aber alle in diese Richtung durchgeführten Experimente bestätigen diese Entkräftung des oben gebrachten zweiten Gegenarguments.

Die zwingende Folgerung, die Einstein aus seinem Gedankenexperiment zog, lautet: Es hat einfach keinen Sinn, von der absoluten Gleichzeitigkeit zweier Ereignisse zu sprechen, die nicht am gleichen Ort stattfinden. Die uns allen innewohnende Vorstellung, es gäbe im Universum eine „absolute" Zeit, gleichsam eine seit Ewigkeiten tickende Uhr des Weltenbauers, nach der sich alle irdischen Uhren zu richten hätten, ist einfach falsch. Vielmehr ist es so, dass jeder Ort seine ihm eigene Zeit besitzt.

Aber dies ist erst der Anfang der eigentümlichen Relativitätstheorie Einsteins. Wenn man den physikalischen Zeitbegriff nicht nur mit dem Raum, sondern auch mit der Materie in Verbindung bringt, ergeben sich weitaus beeindruckendere Folgerungen: Nicht bloß große Geschwindigkeiten, auch schwere Massen können den Gang von Uhren beeinflussen.

Als Einstein bereits ein hochberühmter Gelehrter, aus Deutschland vertrieben und im amerikanischen Princeton ansässig, war, begegnete er dem ebenfalls emigrierten Mathematiker Kurt Gödel. Die beiden in ihrem Wesen grundverschiedenen Männer wurden Freunde. Einstein behauptete einmal, dass er nur deshalb gerne von seinem Haus in das Institute for Advanced Study pilgerte, weil er so, wie er sich ausdrückte, „das Privileg hatte, mit Gödel zu plaudern".

Worüber sich die beiden Geistesgiganten unterhielten: Wir wissen es nicht. Aber wir dürfen darüber Vermutungen anstellen. Denn zu Einsteins 70. Geburtstag widmete ihm Gödel einen Aufsatz, in dem er eine bizarre Lösung der Gleichungen von Einsteins Relativitätstheorie vorlegte. Ihr zufolge sollte es möglich sein, Zeitreisen zu unternehmen: in einer Rakete die Raumzeit so zu durchmessen, dass man in der Vergangenheit landet.

Gödel mag wohl in der Tradition des griechischen Philosophen Parmenides gedacht haben, der meinte, dass es Zeit im Grunde gar nicht gibt. Auch Gödels mathematische Welt war zeitlos. Und dass er in der physikalischen Welt die Möglichkeit von Zeitreisen aufdeckte, schien ihm zu bestätigen, dass die Ereignisse der Vergangenheit und der Zukunft in alle Ewigkeit präsent sind – zwar nicht für uns, aber für die Welt.

Einstein schien davon beeindruckt. Als sein Jugendfreund Besso starb, tröstete er die Witwe mit den vielleicht von Gödel inspirierten Worten: „Nun ist er mir auch mit dem Abschied von dieser sonderbaren Welt ein wenig vorausgegangen. Dies bedeutet nichts. Für uns gläubige Physiker hat die Scheidung zwischen Vergangenheit, Gegenwart und Zukunft nur die Bedeutung einer, wenn auch hartnäckigen, Illusion."

Tausend Jahre wie ein Tag

„Ehe denn die Berge wurden und die Erde und die Welt geschaffen wurden, bist du, Herr, von Ewigkeit zu Ewigkeit, der du die Menschen lässest sterben und sprichst: Kommt wieder, Menschenkinder!

Denn tausend Jahre sind vor dir wie der Tag, der gestern vergangen ist, und wie eine Nachtwache.

Du lässest sie dahinfahren wie einen Strom; sie sind wie ein Schlaf, gleichwie ein Gras, das doch bald welk wird, das da frühe blüht und bald welk wird und des Abends abgehauen wird und verdorrt."

Der 90. Psalm beginnt damit, melancholisch die Vergänglichkeit des Daseins zu betrachten. Die Zeit so zu sehen, geht über den physikalischen Zeitbegriff weit hinaus.

In der Physik verliert sich die Zeit zu einer abstrakten Größe, die man messen kann, mit der man rechnen kann, deren Wesen aber kein Mensch versteht. Sie dient einfach dazu, in den physikalischen Formeln so vorzukommen, dass eine stimmige Beschreibung der Welt möglich wird, aber zu mehr nicht.

Darum hat es wenig Sinn, sich über Zeiten Gedanken zu machen, die über das Alter des Universums Bescheid geben. Die 13 Milliarden Jahre – je nach aktuellem Stand der Forschung sind es manchmal ein paar Milliarden Jahre mehr oder weniger –, von denen in diesem Zusammenhang geredet wird, haben überhaupt nichts mit der Vergänglichkeit zu schaffen, die zu Beginn des oben zitierten Psalms besungen wird. Sie sind bloß Zahlen auf dem Blatt Papier, Zahlen, die nur dazu dienen, in Gleichungen eingesetzt zu werden. Und wenn die dabei mitgedachte physikalische Theorie in Übereinstimmung mit den experimentellen Beobachtungen steht, haben sie ihre Schuldigkeit getan. Mehr ist ihnen nicht zu entnehmen. Denn niemand kann sich unter Zeitdauern von Milliarden Jahren nur das Geringste vorstellen, und bei der gigantischen Größe des Weltalls ist es genauso.

Folglich erfährt man auch nichts über das Wesen der Zeit, wenn man danach fragt, was denn „vor dem Urknall" geschehen sei, oder ob es neben unserem Universum noch andere „Universen" gebe. Solche Fragen sind pure, haltlose Spekulation. Selbst wenn sich sinnvolle Aussagen finden ließen, die man als Antworten auf diese Fragen anbieten könnte, so bestünde ihre Sinnhaftigkeit allein nur darin, dass diese Aussagen zum Verständnis unserer Situation hier und jetzt einen Beitrag liefern.

Vielleicht ist es sogar sinnvoll, die Zeitachse in die Vergangenheit so auszudehnen, dass die oben angesprochenen 13 Milliarden Jahre bis in die Unendlichkeit reichen. Mathematisch lässt sich so etwas sehr leicht bewerkstelligen. Dann verlöre sich der ominöse Urknall, der noch unvorstellbarer ist als die oben angesprochenen astronomischen Dimensionen, in die unendliche Ferne des Unangreifbaren, was seinem Wesen gut entspricht.

Wir sind es ja von der Geschichte gewohnt, dass die Zeitachse eigenartig gedehnt wird. Bei der Betrachtung aller historischen Epochen jedoch wird sie vorzugsweise in umgekehrter Richtung auseinandergezogen: Je näher man auf die Gegenwart zukommt, umso ausführlicher werden die Ereignisse erörtert. Die Urgeschichte und die Epochen der alten Kulturen werden im Galopp abgehandelt, Mittelalter und frühe Neuzeit noch flott besprochen, aber die neueste Zeit und die Zeitgeschichte im Schneckentempo durchforstet.

Als ein Beleg unter vielen sei das umfassende Werk „Die Vernunft der Nationen" des bedeutenden Historikers und amerikanischen Außenpolitikers Henry Kissinger genannt: Nach einer fünfzig Seiten langen Einleitung beginnt er mit der Betrachtung der Politik Richelieus, also am Beginn des 17. Jahrhunderts. Im Sauseschritt ist er nach knapp 30 Seiten beim Wiener Kongress, also beim Anfang des 19. Jahrhunderts, gelandet. Bis zum Beginn des Ersten Weltkriegs, also weitere hundert Jahre später, führt er seine Erörterungen über knappe 140 Seiten. Bis zum Sieg über Hitler sind es schon mehr als 230 Seiten, und die restlichen fast

450 Seiten historischer Betrachtung sind der Zeit vom Beginn bis zum Ende des Kalten Krieges gewidmet.

Es ist sehr sinnvoll, Geschichte so zu vermitteln und die Zeitachse dementsprechend zur Gegenwart hin fast bis ins Unermessliche zu dehnen. Denn so erleben wir wirklich die Vergangenheit: Je weiter etwas von uns entfernt ist, umso schemenhafter wird es, umso unwirklicher. Am deutlichsten manifestiert sich Zeit in der unmittelbaren Gegenwart, nicht in den Milliarden von Jahren, in denen Sterne entstehen und vergehen. Man erlebt einen Augenblick, dann ist er vergangen, unwiderruflich dahin, nicht mehr ungeschehen zu machen, entschwunden.

Allein, es bleibt der Trost des Alters, in dem man Erinnerungen aus früher Kindheit und Jugend wieder in sich wachrufen kann und im Gedächtnis so plastisch vor Augen hat, als ob sie sich erst vor Kurzem ereignet hätten. Wobei im Alter, manchmal lästig, wirklich erst kurz vorher erfolgte Ereignisse leichter vergessen werden als in den jungen Jahren des Lebens.

Die Zeit lässt sich doch nur schwer in eine Skala pressen. Wer es versucht, hält nur einen Abglanz von ihr in den Händen. Sie bleibt ein Geheimnis, von dem der Dichter des 90. Psalms kündet:

„Unser Leben währet siebzig Jahre, und wenn's hoch kommt, so sind's achtzig Jahre, und wenn's köstlich gewesen ist, so ist es Mühe und Arbeit gewesen; denn es fährt schnell dahin, als flögen wir davon."

Alles ist Zufall

Erklimme das Gebirge
oder steige ins Tal hinab,
gehe bis ans Ende der Welt
oder um dein Haus herum:
du triffst immer nur dich
auf den Straßen des Zufalls.

Maurice Maeterlinck

Unwahrscheinlich wahrscheinlich

Der Handlungsreisende George D. Bryson hatte ein seltsames Erlebnis, das Esoterikern, die felsenfest davon überzeugt sind, alles im Leben sei vorherbestimmt, wie Balsam in den Ohren klingt: Eines Tages kam George D. Bryson in Louisville im US-amerikanischen Bundesstaat Kentucky an und fand in dem ihm gerade ins Auge fallenden Hampton-Inn-Hotel noch ein freies Zimmer für die Übernachtung. Die Dame am Empfang gab ihm den Schlüssel für das Zimmer 307. Als nun Bryson das Zimmer mit der Nummer 307 betritt, findet er am Schreibtisch einen Brief, adressiert an „George D. Bryson, Room 307, Hampton Inn, 101 East Jefferson Street, Louisville, Kentucky, United States 40202". Er war verdattert. Wie konnte das geschehen? Niemand wusste, wo er sich befand, und erst recht hatte niemand vorhersehen können, dass er gerade im Hampton-Inn-Hotel im Zimmer 307 unterkommen würde …

Bald darauf klärte sich alles auf: Im Empfang wurde recherchiert, dass der eigentliche Adressat des Briefes ein George D.

Bryson aus Montreal in Kanada war, der vor Kurzem das Hotel verlassen hatte.

Aber wie kann so etwas geschehen? Das kann doch nicht purer Zufall sein!

Sicher, es würde mich außerordentlich wundern, wenn gerade *mir* ein solches Erlebnis widerfahren würde. Aber dass es *irgend*wem *irgend*wann einmal widerfährt, ist beileibe nicht so unwahrscheinlich, wie es auf den ersten Blick aussieht.

Zunächst ist zu bedenken: Im englischsprachigen Amerika, vor allem in den USA und in Kanada, leben rund 300 Millionen Menschen. Bei einem durchschnittlichen Namen – wir lassen die Abertausenden Smiths beiseite – darf man grob gerechnet unterstellen, dass es zu jedem Amerikaner zehn weitere mit dem gleichen Vornamen, dem gleichen Zunamen und dem gleichen Initial des Mittelnamens gibt. Ferner wollen wir von der nicht weit von der Realität abweichenden Annahme ausgehen, dass in den Hotels der USA im Jahr etwa 100 Millionen Mal die Zimmer gewechselt werden.

Nun fragen wir uns: Wie groß ist die Wahrscheinlichkeit, dass zwei Amerikaner, die wir metaphorisch blindlings aus der Fülle aller Amerikaner herauspicken, den gleichen Namen besitzen? Denn genau darauf kommt es an. Die Dame am Empfang des Hotels ist wie das berühmte Waisenmädchen bei der Urne einer Verlosung, und die zuvor und die danach das Zimmer 307 belegenden Personen sind wie zwei Lose, welche das Mädchen zieht. Dabei steht die „Urne" für das englischsprachige Amerika, und jeder Einzelne der 300 Millionen Amerikaner ist ein „Los". Hat das Waisenmädchen ein Los gezogen, bleiben immer noch gut 300 Millionen Lose in der Urne, aber nur zehn von diesen tragen den gleichen Namen wie das gezogene Los. Dies bedeutet: Die Wahrscheinlichkeit, dass das zweite gezogene Los den gleichen Namen wie das erste gezogene Los besitzt, beträgt bloß zehn zu 300 Millionen, also gekürzt: bloß 1 zu 30 Millionen. Da ist es noch weit wahrscheinlicher, mit einem einzigen Tip im Lotto den Haupttreffer zu gewinnen.

Allerdings: Wir dürfen nicht vergessen, dass im Jahr etwa 100 Millionen Mal die Zimmer gewechselt werden. Das bedeutet, dass – um beim Bild zu bleiben – unser Waisenmädchen nicht bloß einmal zwei Lose hintereinander zieht, sondern dass es dies 100 Millionen Mal durchführt. Und dies steigert die Wahrscheinlichkeit, dass *allein in einem Jahr* in irgendeinem der Hotelzimmer der USA bei irgendeinem der vielen Zimmerwechsel der Gast zuvor und der Gast danach den gleichen Namen tragen, ins fast Sichere.

Es sei zugestanden: Nicht alle Hotelgäste erhalten an die Hoteladresse gerichtete Briefe, und nicht alle reisen ab, bevor der letzte Brief eintrifft. Aber die Geschichte des George D. Bryson hat sich vielleicht einmal in fünfzig Jahren ereignet, und genau das macht sie ganz und gar nicht unwahrscheinlich. Ja, man müsste, bedenkt man die obige Rechnung, sogar am Zufall zweifeln, hätte ein solches Ereignis nie stattgefunden …

Am gleichen Tag Geburtstag feiern

Die folgende Geschichte klingt genauso eigenartig, besitzt aber ebenfalls eine ganz natürliche Erklärung:

Susanne Köhler, Grundschullehrerin in Niederösterreich, stellte Listen aller Kinder zusammen, die sie im Laufe ihrer langen Tätigkeit unterrichtet hatte. In jeder ihrer Klassen waren 25 Kinder, die bei ihr jeweils vier Jahre hindurch das Schreiben, Rechnen und Lesen lernten. Als Frau Köhler die Geburtstage der Kinder in ihren Klassen verglich, machte sie eine seltsame Entdeckung: In sechs der zehn Klassen, die sie bisher hatte, gab es immer zwei, in einer der sechs Klassen sogar drei Kinder, die am gleichen Tag des Jahres Geburtstag hatten. Frau Köhler war verstört. Welchen Grund kann es für dieses eigenartige Zusammenfallen von Geburtstagen geben? Die Zahl 25 der Kinder ist doch im Vergleich zur Zahl 365 der Tage des Jahres sehr klein. (Vergessen wir hier und im Folgenden den 29. Februar des Schaltjahres, und lassen wir die am 29. Februar Geborenen im Normaljahr am 28. Februar Geburtstag feiern.) Frau Köhler, und mit ihr so manch anderer, empfand es als extrem unwahrscheinlich, dass bei einer Gruppe von 25 willkürlich ausgewählten Personen mindestens zwei unter ihnen am gleichen Tag des Jahres Geburtstag feiern. Eher ist doch anzunehmen, dass sich die Geburtstage der 25 Personen so auf die 365 Tage des Jahres verteilen, dass alle Personen an verschiedenen Tagen Geburtstag haben.

In Wahrheit aber stimmt dies nicht. Die Wahrscheinlichkeit, dass bei einer Gruppe willkürlich gewählter Personen alle diese Personen durchwegs an verschiedenen Tagen Geburtstag haben, nimmt rapide mit der Zahl der Personen in der Gruppe ab. Bei einer Zweiergruppe beträgt diese Wahrscheinlichkeit noch satte 99,7 %. Man errechnet diese Zahl aus der folgenden Überlegung: Die zweite Person hat 365 mögliche Tage im Jahr als Geburtstag, aber nur 364 dieser Tage sind „günstige" Tage, nämlich jene 364 Tage, an denen die erste Person *nicht* Geburtstag hat. Weil $364 : 365 = 0,9972\ldots$ beträgt, kommt man auf die 99,7 % Wahrscheinlichkeit, dass zwei willkürlich gewählte Personen an verschiedenen Tagen Geburtstag haben.

Nun stellen wir uns vor, eine dritte Person stößt zur obigen Zweiergruppe hinzu. Wenn ihr Geburtstag mit keinem der Geburtstage der beiden vorigen Personen übereinstimmen soll, stehen dieser dritten Person von den 365 möglichen Tagen nur 363 als „günstige" Geburtstage offen. Jetzt muss man die oben ermittelte Wahrscheinlichkeit von $364 : 365 = 0,9972\ldots$ noch mit dem Bruch $363 : 365 = 0,9945\ldots$ multiplizieren. Das Ergebnis lautet $0,9917\ldots$, also beträgt die Wahrscheinlichkeit, dass drei willkürlich gewählte Personen an lauter verschiedenen Tagen Geburtstag haben, ziemlich genau 99,2 %.

Wenn als Nächstes vier Personen vorhanden sind, dann hat man die drei Brüche $364 : 365$, $363 : 365$ und $362 : 365$ miteinander zu multiplizieren. Der erste Bruch nennt die Wahrscheinlichkeit, dass die zweite Person nicht mit der ersten gemeinsam Geburtstag feiert. Der zweite Bruch nennt die Wahrscheinlichkeit, dass die dritte Person nicht mit einer der beiden vorher genannten gemeinsam Geburtstag feiert, und der dritte Bruch nennt die Wahrscheinlichkeit, dass die vierte Person nicht mit einer der drei vorher genannten gemeinsam Geburtstag feiert. Das Ergebnis der Multiplikation der drei Zahlen beträgt 0,9836... . Darum lautet die Wahrscheinlichkeit, dass vier willkürlich gewählte Personen an lauter verschiedenen Tagen Geburtstag haben, ziemlich genau 98,4 %.

Was hier bei Gruppen von zwei, drei und vier Personen akribisch vorgerechnet wurde, kann man genauso bei einer Gruppe von 25 Personen durchführen. Nur sind hier die 24 Brüche, beginnend mit 364 : 365, 363 : 365 und endend mit 342 : 365, 341 : 365, miteinander zu multiplizieren. Überlegen wir noch rasch zur Kontrolle, ob wir auch richtig gedacht haben: Wie sind wir zu dem letzten Bruch 341 : 365 gelangt? Dieser Bruch nennt die Wahrscheinlichkeit, dass die 25. Person einen Geburtstag besitzt, der mit keinem der (voneinander paarweise verschiedenen) Geburtstage der vorher genannten 24 Personen übereinstimmt. Also sind von den 365 möglichen Tagen des Jahres genau 24 Tage auszuschließen. Es bleiben in der Tat nur mehr 365 − 24 = 341 „günstige" Tage für diese 25. Person übrig.

Die 24 Brüche, beginnend mit 364 : 365, 363 : 365 und endend mit 342 : 365, 341 : 365, miteinander zu multiplizieren, ist selbst mit dem Taschenrechner mühselig. Aber es lohnt sich, die Rechnung eigenhändig durchzuführen. Denn das Ergebnis 0,4312... ist mehr als erstaunlich. Es besagt, dass die Wahrscheinlichkeit, dass 25 willkürlich gewählte Personen an lauter verschiedenen Tagen Geburtstag haben, nur mickrige 43,1 % beträgt.

Umgekehrt bedeutet das: Die Wahrscheinlichkeit, dass mindestens zwei unter 25 willkürlich gewählten Personen einen gemeinsamen Geburtstag besitzen, ist die Ergänzung von 43,1 % auf 100 %; sie beträgt somit beeindruckende 56,9 %.

Darum braucht sich Susanne Köhler nicht zu wundern, dass in sechs ihrer zehn Klassen mindestens zwei Kinder einen gemeinsamen Geburtstag feierten.

Wenn die Gruppengröße weiter zunimmt, wächst die Wahrscheinlichkeit gemeinsamer Geburtstage beeindruckend schnell in Richtung 100 %. In einem Saal, in dem sich fünfzig Personen befinden, kann man bereits mit einer Wahrscheinlichkeit von 97 % davon ausgehen, dass mindestens zwei unter diesen fünfzig Personen einen gemeinsamen Geburtstag haben. Hinter dieser Aussage steckt nichts Geheimnisvolles. Wer ihr misstraut, braucht sich nur die Mühe anzutun, die 49 Brüche, beginnend mit 364 : 365, 363 : 365 und endend mit 312 : 365, 311 : 365, miteinander zu multiplizieren.

Unser Misstrauen rührt wohl daher, dass wir stets von unserer eigenen Person ausgehen: Wer im Saal wird, so denken wir unwillkürlich, wohl mit *mir* am gleichen Tag Geburtstag haben? Aber so zu denken führt in die Irre. Wenn der Zufall ins Spiel gerät, dann hat die persönliche Befindlichkeit nichts mehr verloren. Es kommt bei den fünfzig Personen im Saal ja nicht darauf an, dass mit einer bestimmten von ihnen eine andere den Geburtstag teilt, sondern dass es einfach nur *irgendwelche* zwei (oder gar noch mehrere) gibt, die einen gemeinsamen Geburtstag haben. Sich diese übergeordnete Sicht der Dinge anzueignen, ist eine der wichtigsten Lehren der Wahrscheinlichkeitsrechnung.

Wissen bei völliger Unkenntnis

Wie man mit Wahrscheinlichkeiten rechnet, hat zu seiner Zeit kaum jemand besser beherrscht als der französische Astronom, Physiker, Mathematiker und – solange dieser an der Macht war – Gefolgsmann von Napoleon Bonaparte: Pierre Simon de Laplace. Dabei war Laplace fest davon überzeugt, dass es in Wirklichkeit keinen Zufall gebe, sondern alles Geschehen in der Welt seit ewigen Zeiten vorherbestimmt sei.

Laplace war seinem Herrscher und Förderer Napoleon aufgefallen, weil es ihm gelang, die Bewegungen der Planeten nach dem von Newton entdeckten Gravitationsgesetz mit einer atemberaubenden Präzision zu berechnen. Newton, der ziemlich genau hundert Jahre vor Laplace lebte, glaubte ja noch fest daran, dass der Allmächtige bei der Bewegung der Himmelskörper seine schützende Hand im Spiel hat. Doch in den Augen des scharfsinnigen Franzosen genügte die Mathematik allein, um das Himmelsgeschehen erfassen zu können. Zwar gab er zu, dass auch seine mathematischen Künste nicht ausgefeilt genug waren, um die Himmelsmechanik in all ihrer Raffinesse zu erfassen, aber immerhin gut genug, um belegen zu können, dass die Einwirkung des Schöpfers aus seiner Sicht nicht mehr nötig war.

Pierre Simon de Laplace (1749–1827)

Und was für Planeten, Kometen und Monde stimmt, sollte nach der Ansicht von Laplace für alles in der Welt zutreffen: „Wir müssen", so schrieb Laplace, „den gegenwärtigen Zustand des Weltalls als die Wirkung seines früheren und als die Ursache des folgenden betrachten. Ein Dämon, der für einen gegebenen Augenblick alle in der Natur wirkenden Kräfte sowie die gegenseitige Lage aller Atome kennte, und der überdies scharfsinnig genug wäre, die gegebenen Größen der Mathematik zu unterwerfen, würde in einer einzigen Formel die Bewegungen der größten Weltkörper wie des leichtesten Atoms erfassen können. Nichts wäre ihm ungewiss, und Zukunft wie Vergangenheit würden ihm offen vor Augen liegen."

In diesem Zitat war der berühmte „Laplace'sche Dämon" geboren. Laplace nannte ihn im Original noch ein wenig vorsichtig ein intelligentes Wesen, aber in Wahrheit handelt es sich um ein Monster. Denn es kann jedes Ereignis bis in die fernste Zukunft hin voraussagen. Man könnte von ihm zwar erfahren, auf welche Nummer die Roulettekugel im nächsten Spiel fallen wird, aber es würde einem zugleich voraussagen, dass man das gewonnene Geld so schlecht investieren werde, dass die Schulden danach den Gewinn um ein Vielfaches übersteigen und einem schließlich ein bitteres Ende als Bettler bevorsteht – und nichts könnte man dagegen ausrichten …

Wir Menschen, das wusste Laplace sehr gut, sind weit davon entfernt, uns mit seinem Dämon vergleichen zu können. Nicht einmal das Planetensystem können wir so gut berechnen, wie es dem Dämon im Handumdrehen gelingen sollte. Aber wenigstens gelingt es uns in der Astronomie noch einigermaßen gut. Viel schwerer fällt es uns vorherzusagen, wie ein Würfel fällt. Und auch dafür fand Laplace eine sehr einleuchtende Erklärung: Beim Planetensystem liegt eine einfach zu überblickende Situation vor: in der Mitte die riesige Sonne und in sehr weiter Entfernung von ihr die im Vergleich zur Sonne fast nur punktförmigen Planeten, von denen es nicht einmal ein Dutzend gibt. Das kann man mathematisch gut in den Griff bekommen. Aber beim Werfen eines Würfels darf man den Würfel nicht einfach so gezielt auf den Tisch legen, dass die Augenzahl Sechs nach oben zeigt. Kein Spieler würde dies erlauben. Sondern man muss den Würfel zuerst in einen unüberschaubaren Bewegungswirbel versetzen, ihm gleichsam alle Chancen für jede beliebige Augenzahl geben. Natürlich: Der „Laplace'sche Dämon" sollte in der Lage sein, auch die kleinste Bewegung der Finger, den leisesten Lufthauch, der den Würfel treibt, die feinste Reibung auf der Tischplatte in seine Rechnung einfließen zu lassen und damit das Ergebnis des Wurfes vorauszuberechnen. Aber wir, Gott sei Dank von einer solchen Intelligenz verschont, sind dessen nicht fähig. Darum ist der Ausgang des einzelnen Wurfes für uns völlig unerwartet.

„Völlig unerwartet" stimmt nicht ganz. Wir wissen: Eine der sechs möglichen Augenzahlen wird der Würfel am Schluss bestimmt zeigen. Und jede von ihnen ist gleich wahrscheinlich, weil der Würfel eben so gebaut ist, dass jede seiner Facetten nach oben zeigen könnte; keine von ihnen ist bevorzugt. Und darum sagen wir, dass die Wahrscheinlichkeit, eine Sechs zu werfen, 1 : 6 beträgt, also ca. 16,7 %. Und die Wahrscheinlichkeit, eine gerade Zahl als Augenzahl zu werfen, beträgt 3 : 6 = 50 %, denn es gibt drei „günstige Fälle", nämlich die geraden Augenzahlen Zwei, Vier, Sechs, im Verhältnis zu den sechs „möglichen Fällen".

Was hat man davon, wenn man diese Wahrscheinlichkeiten kennt? Laplace gibt darauf die Antwort: Wenn man einen Würfel nur einmal wirft, *gar nichts*. Aber wenn man den Würfel oft wirft, zum Beispiel hundertmal wirft, und zwar so, dass er vorher immer tüchtig gewirbelt wird, dann kann man ungefähr 17-mal erwarten, dass Sechs gewürfelt wird. Zugegeben, es kann vielleicht nur 15-mal Sechs gewürfelt sein, oder es kann vielleicht 20-mal Sechs gewürfelt sein, aber wenn mehr als 50-mal die Sechs zuoberst läge, dürfen wir zu Recht vermuten, dass der Würfel gezinkt ist. Und wenn man einen Würfel 1000-mal wirft, dann darf man zwar nicht mit genau 167 Sechsern rechnen, aber die Anzahl der Sechser sollte sich rund um 167 bewegen. Dies ist das berühmte *Gesetz der großen Zahl*: Die Wahrscheinlichkeit nennt sehr genau die *Häufigkeit*, mit der das „günstige" Ereignis im Vergleich zu allen „möglichen" Ereignissen eintritt. Allerdings muss man *sehr oft* den Würfel werfen, *sehr oft* die Kugel im Roulette rollen lassen, *sehr oft* die Karte aus einem gut gemischten Kartensatz ziehen.

Verwirrende Häufigkeiten

Mit Häufigkeiten wird fast immer argumentiert, wenn es um Statistiken geht. Und fast alles in unserem Leben wird von den Statistiken bestimmt. Am eindringlichsten spüren wir es in der Medizin.

Bei einem Stein im Gallengang raten Ärzte zu einer Operation, wobei auf endoskopischem Weg wie bei einer Magenspiegelung ein Kontrastmittel in das Gallenwegsystem eingebracht und der Stein mit einem Drahtgitterkörbchen gefangen und entfernt wird. Diese Methode gilt als Therapie der Wahl, da sie wegen des minimal-invasiven Eingriffs eine sehr niedrige Komplikationsrate aufweist und das Leiden endgültig behebt. Trotzdem kann es bei etwa 10 % aller Eingriffe dazu kommen, dass die nahe gelegene Bauchspeicheldrüse gereizt wird, was dem armen Kranken eine Nacht mit recht unangenehmen Bauchschmerzen bereitet.

Die genannten 10 % nennen die Häufigkeit der Bauchspeicheldrüsenreizung. Eine Chirurgin, die bei hundert durchgeführten Eingriffen weniger als fünf derartige Komplikationen verzeichnet, kann mit Recht auf sich stolz sein, während ein Operateur, dem bei hundert durchgeführten Eingriffen mehr als zwanzig Bauchspeicheldrüsenreizungen unterliefen, weiß, dass er sich in seinen Leistungen verbessern sollte. Um dies wissen zu können, ist die Kenntnis der Wahrscheinlichkeit von 10 % Komplikationen nach der Operation sehr nützlich. Aber für den Einzelnen, den vor der Operation bangenden Patienten, ist die Mitteilung, beim Eingriff komme es mit der geringen Wahrscheinlichkeit von 10 % zu einer leichten Komplikation aufgrund einer möglichen Reizung der Bauchspeicheldrüse, eigentlich wertlos. Denn es ist blinder Zufall, ob er gerade unter die 10 % fällt – dann hat er nicht bloß zehn, sondern ganze hundert Prozent der durch die Reizung hervorgerufenen Schmerzen – oder zu den restlichen glücklichen 90 % gehört, welche die Operation komplikationslos überstehen.

Wobei selbst im ersten Fall ärztlicher Trost in Form von Schmerzmitteln gespendet werden kann. Doch auch hier ist man den Tücken im Rechnen mit Häufigkeiten ausgeliefert, wie das folgende, höchst seltsame Beispiel lehrt:

Zwei Schmerzmittel, die Tabletten Alpha und die Pillen Beta, stehen zur Wahl. Sie wurden bereits bei einigen Patientinnen getestet. Bei fünf Frauen sprachen vier gut auf Alpha an, und bei 20 Frauen sprachen 14 gut auf Beta an. Die Häufigkeit, mit der Alpha bei Frauen wirkt, lautet darum 4 : 5 = 80 %, und die Häufigkeit, mit der Beta bei Frauen wirkt, lautet entsprechend 14 : 20 = 70 %. So gesehen scheint Alpha bei Frauen besser zu wirken als Beta.

Auch männliche Patienten nahmen die Schmerzmittel, die aber bei ihnen weniger Wirkung zeigten. Männer sind wohl wirklich viel wehleidiger als Frauen. Aber bei 20 mit Alpha getesteten Männern sprachen doch noch 6 unter ihnen gut darauf an, und bei fünf Männern, die Beta versuchten, verspürte doch einer eine Schmerzlinderung. Die Häufigkeit, mit der Alpha bei Männern wirkt, lautet darum 6 : 20 = 30 %, und die Häufigkeit, mit der Beta bei Männern wirkt, lautet entsprechend 1 : 5 = 20 %. So gesehen scheint Alpha auch bei Männern besser zu wirken als Beta. Die Pharmavertreter von Alpha reiben sich genüsslich die Hände.

Diejenigen Ärzte des Krankenhauses, die auf die Pille Beta schwören, sind zunächst verstört. Aber dann kommen sie auf die Idee, dass die Trennung nach Geschlechtern eigentlich uninteressant ist. Und sie stellen fest: Bei der Tablette Alpha wurden insgesamt fünf Frauen und 20 Männer, also 25 Personen, getestet. Gewirkt hatte Alpha bei vier Frauen und bei sechs Männern, also bei insgesamt zehn Personen. Dies bedeutet eine Häufigkeit von 10 : 25 = 40 %, mit der das Mittel Alpha wirkt. Bei der Pille Beta wurden insgesamt 20 Frauen und fünf Männer, also ebenfalls 25 Personen, getestet. Gewirkt hatte Beta bei 14 Frauen und bei einem Mann, also bei insgesamt 15 Personen. Dies bedeutet eine Häufigkeit von 15 : 25 = 60 %, mit der das Mittel Beta wirkt. Und jetzt ist es genau umgekehrt: Das Mittel Beta scheint weitaus besser zu wirken als Alpha!

Man kommt sehr schnell auf den Haken dieser Geschichte: Bei den Stichproben wurde unziemlicherweise nicht immer von der gleichen Anzahl von getesteten Frauen und Männern ausgegangen. Aber sind Sie sich sicher, dass bei den tatsächlich durchgeführten Stichproben und den daraus ermittelten Wahrscheinlichkeiten für die Wirksamkeit von Medikamenten diese Regel von den Pharmafirmen lückenlos bedacht wird?

Tests, die nichts besagen

Besonders bei sehr seltenen Erkrankungen haben Mediziner oft gar nicht die Gelegenheit, hinreichend große Stichproben von Patienten aufzutreiben, um auf aussagekräftige Häufigkeiten schließen zu können. Außerdem kommt es zusätzlich zu einem eigenartigen Effekt, der wenig bekannt, aber höchst bedenkenswert ist:

In Schattwald, im Tiroler Außerfern, unmittelbar an der deutschen Grenze, wurde Anfang 2001 der erste BSE-Fall in Österreich entdeckt. Jedenfalls behaupteten damals in großer Aufmachung die Gazetten, dass beim Test eines geschlachteten Rindes das Ergebnis positiv war und deshalb das arme Tier den BSE-Erreger besaß, der zum grässlichen Rinderwahnsinn führt und auch für Menschen, die dieses Fleisch verzehren, eine tödliche Gefahr darstellt. Ganz Österreich war aufgescheucht, und die betroffene Bauernfamilie hatte ihre liebe Müh, dem Ansturm der Pressefotografen zu entkommen.

Aber wie sicher ist es wirklich, dass der Erreger dieser schrecklichen Krankheit im Tier steckte?

Nehmen wir an, der Test wäre sehr genau. So genau, dass von 100 Tieren, die von BSE befallen sind, alle positiv getestet werden; keines von ihnen wird übersehen. Und umgekehrt wird der Test von 100 gesunden Tieren höchstens eines fälschlich als BSE-Träger bezeichnen, d. h. mit der Wahrscheinlichkeit von 99 % bezeichnet ein positives Testergebnis auch tatsächlich ein von BSE befallenes Tier.

Aber BSE ist Gott sei Dank eine sehr seltene Krankheit. Sicher tragen weit weniger als ein Zehntel Promille aller Rinder diesen Erreger in ihrem Körper. Aber gehen wir der Einfachheit halber von der Annahme aus, jedes zehntausendste Rind sei Träger dieses tückischen Erregers.

Nun nehmen wir an, dass in einer Serienuntersuchung das Fleisch von einer Million Rindern getestet wird. Da nur jedes zehntausendste Tier den Erreger in sich trägt, kann man davon ausgehen, dass in der Untersuchung 999 900 gesunde und 100 kranke Tiere getestet werden. Bei allen 100 mit BSE infizierten Tieren stellt der Test die Infektion korrekt fest. Denn wir gehen von einer hundertprozentigen Sicherheit aus, die erkrankten Tiere zu erkennen. Umgekehrt stuft von den 999 900 gesunden Tieren der Test 99 % der Tiere korrekt als gesund ein. Denn wir gehen von einer 99-prozentigen Sicherheit aus, dass bei gesunden Tieren der Test negativ verläuft. Der Rest, also ein Prozent, und das sind beachtliche 9999 gesunde Tiere, wird vom Test fälschlich als eine Gruppe von BSE-Trägertieren abgestempelt.

Fassen wir zusammen: Insgesamt gibt es 100 + 9999 = 10 099 positiv getestete Tiere, von denen aber bloß 100 tatsächlich vom BSE-Erreger befallen sind. Mit anderen Worten: Die Wahrscheinlichkeit, dass ein positiv getestetes Tier wirklich BSE-Träger ist, stellt sich als unfassbar klein heraus. Sie beträgt bloß 100 : 10 099 = 0,00990…, also knapp ein Prozent!

Wenn man von den hier genannten Zahlen ausgeht – und sie sind keineswegs weit von der Wirklichkeit entfernt, im Gegenteil: die meisten Tests sind keineswegs so genau –, dann darf man vermuten, dass mit 99-prozentiger Wahrscheinlichkeit das positiv getestete Rind aus dem Tiroler Außerfern nicht das Geringste mit BSE zu tun hatte. Selbstverständlich wird jeder Veterinär auf Nummer sicher gehen und das Fleisch eines positiv getesteten Tieres niemals zum Verzehr freigeben. Dafür ist das Risiko wegen der Schwere der Krankheit freilich doch zu hoch. Aber dass man die Meldung des positiven Tests hinausposaunt – „Erster BSE-Fall in Österreich!" – und einen kleinen Tiroler Nebenerwerbsbauern der gehässigen Macht der Boulevardpresse aussetzt, war denn doch zu arg.

Freilich kennen professionelle Statistikerinnen und Statistiker alle Tücken und Gefahren, die mit der Wahrscheinlichkeitsrechnung verbunden sind. Aber sie haben nicht immer die Gelegenheit, ihr Wissen all jenen zur Verfügung zu stellen, die aus Prozentzahlen von Häufigkeiten vorschnelle Schlüsse ziehen. Und dass selbst akademisch ausgebildete Mathematiker in die dümmsten Fallen der Wahrscheinlichkeitsrechnung tappen können, wird eine eigenartige Geschichte im nächsten Kapitel dieses Buches belegen. Doch hier soll noch erzählt werden, dass wir dem Zufall hoffnungslos ausgeliefert sind und wie der Zufall eigenartige Effekte hervorrufen kann.

Selbst Gott würfelt

Schon die antiken Philosophen Leukipp und Demokrit meinten, dass alle Stoffe letztlich aus einer riesigen Fülle unteilbarer Körper, aus Atomen, bestehen. Das griechische Wort „atomos" bedeutet „unteilbar". Zu Beginn des 19. Jahrhunderts meinte der englische Chemiker John Dalton den Atomen auf der Spur zu sein: Stoffe, die sich mit chemischen Experimenten nicht mehr weiter zerlegen lassen, sogenannte „Elemente" wie die Gase Wasserstoff oder Sauerstoff, wie die Flüssigkeiten Brom oder Quecksilber, wie die Festkörper Schwefel oder Gold, bestehen, so Dalton, aus Atomen einer einzigen Sorte. Es gibt Wasserstoffatome, Sauerstoffatome, Bromatome, Quecksilberatome, Schwefelatome, Goldatome und viele andere mehr. Der russische Chemiker Mendelejew ordnete die knapp hundert Atomsorten, welche in der Natur vorkommen, in einem sogenannten Periodensystem der Elemente an: Liest man es wie einen Text Zeile für Zeile von links

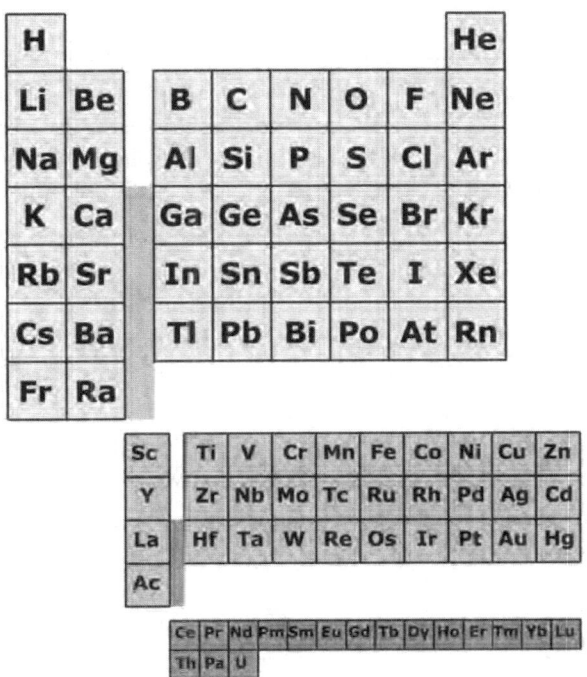

Das Periodensystem der chemischen Elemente von Wasserstoff (H) bis Uran (U). Die jeweils unten angeschriebenen Tabellen sind in die darüber freigehaltenen Zwischenräume eingefügt zu denken.

nach rechts, sind die Atome vom leichtesten zum schwersten aufgelistet. Aber in den jeweiligen Spalten befinden sich diejenigen chemischen Elemente, die sich in ihrem chemischen Verhalten ähneln, wobei natürlich die leichtesten Elemente oben und die schwersten unten stehen. So sind zum Beispiel ganz rechts die Gase Helium, Neon, Argon, Krypton, Xenon und Radon in einer Spalte angeordnet: die Edelgase, die so heißen, weil sie praktisch mit keinem anderen Element in chemische Verbindung treten. Links daneben sind die Elemente Fluor, Chlor, Brom, Jod, Astat in einer Spalte angeordnet: die sogenannten Halogene, die sich sehr leicht mit Metallen verbinden und auf diese Weise Salze bilden. Auf den Spalten links findet man die Metalle, wobei die am reaktionsfreudigsten ganz links angeordnet sind, und die „edleren" Metalle, die nicht so leicht für chemische Verbindungen ansprechbar sind, sich eher in der Mitte befinden.

Zu Beginn des 20. Jahrhunderts beschoss der neuseeländische Physiker Ernest Rutherford eine dünne Goldfolie mit den damals neu entdeckten radioaktiven Strahlen und stellte erstaunt fest, dass die Goldatome keineswegs massiv sind, sondern die Strahlen fast ungehindert durchlassen. Nur ab und zu wird ein Strahl, dieser aber dann massiv, abgelenkt. Rutherford schloss daraus, dass Atome großteils aus Leerraum bestehen, sie sind wie Wolken. Die radioaktiven Strahlen gehen durch sie so hindurch, wie Flugzeuge ungehindert Wolken passieren. Aber die selten festgestellten Abweichungen der Strahlen deuten darauf hin, dass sich im Inneren der „Atomwolke" ein kleiner massiver Körper befindet, den Rutherford den „Atomkern" nannte. Im Laufe weiterer Untersuchungen stellten die Physiker fest, dass die „Wolke" des Atoms von winzigen negativ geladenen Teilchen, sogenannten Elektronen, gebildet wird, während der Kern positiv geladen ist und sich aus zwei Arten von Teilchen zusammensetzt: aus positiv geladenen Protonen und aus ungeladenen Neutronen. Dabei ist all dies unfassbar klein: Das Goldatom besitzt einen Durchmesser von 0,000 000 029 Zentimeter, und sein Kern ist noch um ein Zehn-

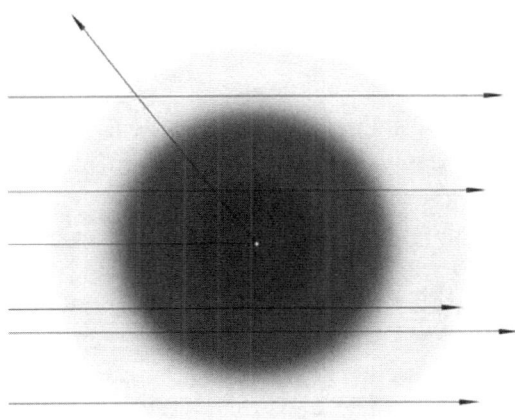

Das Atom besteht größtenteils aus einer von Elektronen gebildeten Wolke, die von den Elementarteilchen der radioaktiven Strahlung ohne Ablenkung durchdrungen werden kann. Nur im Zentrum des Atoms befindet sich ein Kern, der eine massive Ablenkung des auf ihn genau zielenden radioaktiven Strahls hervorruft.

tausendstel kleiner. 79 Elektronen formen seine Atomwolke, und der Atomkern von Gold besteht aus 79 Protonen und aus 118 Neutronen.

Wir aber wollen ein viel einfacheres Atom betrachten: jenes des chemischen Elements Stickstoff, eines Gases, aus dem zu mehr als 70 % die Lufthülle unserer Erde besteht:

In den hohen Schichten der Atmosphäre sind Stickstoffatome mit sieben Protonen und sieben Neutronen in ihren Kernen den von der Sonne auf die Erde geschleuderten Elementarteilchen, dem sogenannten Sonnenwind, ausgeliefert. Zuweilen kommt es vor, dass ein von der Sonne kommendes Neutron in den Kern eines Stickstoffatoms eindringt und aus diesem ein Proton herauswirft. So verwandelt sich der Stickstoff zu Kohlenstoff, denn das Kohlenstoffatom ist dadurch gekennzeichnet, dass sechs Protonen in seinem Kern vorhanden sind. Allerdings besitzt gewöhnlicher Kohlenstoff neben den sechs Protonen nur sechs Neutronen im Kern, das eben erzeugte Kohlenstoffatom trägt hingegen acht Neutronen im Kern, um zwei Neutronen mehr. Deshalb ist dieser Kern unstabil, er wird irgendwann zerbrechen. Plötzlich entledigt er sich eines Elektrons, und der radioaktive Kohlenstoff wird in Stickstoff zurückgebildet.

Bei dem radioaktiven Kohlenstoffatom, das wir betrachten wollen, ist es aber noch nicht so weit. Vielmehr verbindet es sich mit zwei Sauerstoffatomen, die in seiner Nähe sind, zu Kohlendioxid und beginnt von den 30 Kilometer hohen Luftschichten herabzufallen. Auf sieben Kilometer Höhe nistet es sich in einem kleinen Eiskristall ein, der Teil einer Wolke ist. Die Wolke sinkt herab, der Eiskristall schmilzt zu einem Regentropfen, der schließlich im Ozean landet. Dort wird das Kohlenstoffatom in den Körper eines kleinen Planktons aufgenommen. Eine Garnele frisst das Plankton und mit ihm das Kohlenstoffatom. Doch es bleibt nicht lange in ihr, nach einigen Tagen löst es sich von der Garnele und schwimmt im Ozean, bis es in der Zelle einer Pflanze landet. Ein Kabeljau zerkaut jenen Teil der Pflanze, in der das Kohlenstoffatom hauste, und nun ist es im Körper des Kabeljaus an einer eiweißreichen Stelle. Der Kabeljau gerät ins Netz eines Fischers, wird gefangen, tiefgekühlt, in das Regal eines Kaufladens gestapelt, von Ihnen gekauft, verspeist. Schließlich wandert das Kohlenstoffatom in die Fingerkuppe Ihres linken Ringfingers und verharrt dort als eines unter Myriaden von Kohlenstoffatomen. Die meisten der Kohlenstoffatome Ihrer Fingerkuppe sind von der stabilen Sorte mit sechs Protonen und sechs Neutronen im Kern, nur ganz wenige unter ihnen gehören der radioaktiven Sorte an: Auf eine Billion stabiler Kohlenstoffatome kommt im Schnitt ein radioaktives Atom. Dennoch: Die Fingerkuppe besteht aus aberwitzig vielen Kohlenstoffatomen, auch die Anzahl der radioaktiven unter ihnen ist Legion.

Jetzt gerade, in dem Augenblick, da Sie diese Zeile lesen, zerfällt das Atom, von dem wir erzählen. Nur wenn ein Geigerzäh-

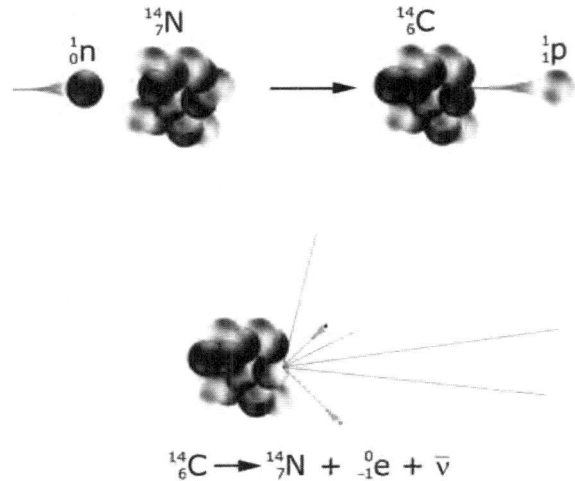

$$^{14}_{6}C \longrightarrow {}^{14}_{7}N + {}^{0}_{-1}e + \bar{\nu}$$

Oben: In den hohen Schichten der Atmosphäre trifft ein Neutron (n) auf den Kern eines Stickstoffatoms (N). Ein Proton (p) wird herausgeschleudert, und es bleibt der Kern eines radioaktiven Kohlenstoffatoms (C) zurück. Unten: Der radioaktive Kohlenstoffatomkern zerfällt unter Abstrahlung eines Elektrons (e) und eines Antielektronneutrinos (v-quer) zu einem Stickstoffatomkern (N).

ler in der Nähe wäre und das abgeworfene Elektron in diesem ein kurzes knatterndes Geräusch auslöste, würden Sie den Zerfall unseres Atoms registrieren. Im Normalfall aber geht sein Sterben völlig unbemerkt vonstatten.

Was löst den Zerfall des Atoms gerade jetzt aus? Wir wissen es nicht. Und die Physik lehrt, dass wir es *prinzipiell* nicht wissen. Sie verbietet die Vorstellung irgendeines Mechanismus, irgendeiner im Atomkern tickenden Uhr, wodurch an einem bestimmten Zeitpunkt das Zerbrechen ausgelöst wird. Die Annahme, es gäbe einen „Laplace'schen Dämon", der den Zerfall vorhersagen könnte, widerspricht total den von Bohr, Schrödinger und Heisenberg entdeckten Gesetzen, denen die Natur so treu gehorcht. Es gibt einfach nichts, was den Zerfall auslöst; es ist purer Zufall, dass er gerade jetzt geschieht.

Wenn man will, kann man die Wahrscheinlichkeit, dass ein bestimmtes radioaktives Kohlenstoffatom gerade jetzt zerbricht, mit der Wahrscheinlichkeit vergleichen, dass man gerade jetzt mit sieben Würfeln gleichzeitig lauter Sechser wirft. Aber ein gewichtiger Unterschied besteht dennoch zwischen diesen beiden Ereignissen: Beim Werfen der Würfel könnte man sich wenigstens im Prinzip noch vorstellen, dass ein „Laplace'scher Dämon" die Bewegung der einzelnen Würfel, den Einfluss der Hand, der Luftteilchen, welche die Würfel stoßen, der Tischfläche und aller anderen Effekte, seien sie noch so unscheinbar, in seine Rechnungen einfließen lässt. Dann verwendet er die Mathematik, die Newton für seine Mechanik entworfen hatte. Für jeden Menschen und auch für die aufwendigsten Computer wäre die Aufgabe natürlich jenseits aller ihrer beschränkten Möglichkeiten. Aber *im Prinzip* sagt die Mechanik Newtons jedenfalls dem „Laplace'schen Dämon" voraus, dass die Würfel so – und nur so – fallen können. Was wir als Zufall empfinden, ist in den Augen des „Laplace'schen Dämons" keiner. Zufall beruht folglich nur auf unserer beschränkten Rechenfähigkeit, in Wahrheit kennt ihn die Mechanik Newtons nicht.

Aber beim radioaktiven Kohlenstoffatom gibt es *prinzipiell* keine Chance, den Zeitpunkt seines Zerfalls mit Rechnungen vorherzusagen. Natürlich nicht für uns, auch nicht für unsere Computer, aber auch nicht für einen noch so raffiniert gedachten „Laplace'schen Dämon". Niels Bohr verteidigte seine neue Physik, die weit über das mechanische Denken Newtons hinaus greift, überzeugend und erfolgreich gegen alle Skeptiker, die daran festhalten wollten, ganz im Inneren der Natur gehe alles nach dem Grundsatz von Ursache und Wirkung vor sich. Der hartnäckigste unter diesen Skeptikern war Albert Einstein, der immer und immer wieder zu seinem Freund Bohr sagte: „Gott würfelt nicht." Bis endlich Bohr alle Gegenargumente Einsteins widerlegt hatte und ihm erwiderte: „Nicht einmal du, lieber Einstein, darfst Gott vorschreiben, wie er sich die Welt einrichtet."

Die Welt als Würfelspiel

Warum hatten sich Einstein und seine Anhänger so verbissen gegen die Vorstellung gewehrt, dass es glatter Zufall und kein irgendwie verborgener Mechanismus ist, der ein radioaktives Kohlenstoffatom zum Zerfallen bringt? So weltbewegend ist ja dieses völlig unscheinbare Ereignis nicht.

Aber Einstein ging es ums Prinzip. Er sah sehr genau: Wenn es auch nur ein einziges Phänomen in der Natur gibt, wie winzig es auch sei, das seine Existenz dem Zufall und nicht irgendeiner Ursache verdankt, dann gerät das ganze Gedankengebäude eines Weltbildes, wonach jedes Ereignis seinen Grund in einem zuvor aufgetretenen anderen Ereignis besitzt, aus den Fugen.

Wir alle empfinden es als zynisch, wenn jemand den plötzlich eingetretenen Tod eines Menschen als „Zufall" hinstellt. Pathologen bemühen sich, den trauernden Angehörigen zu erklären, was die Ursachen für das Sterben des eben Verblichenen gewesen sind. Versicherungsgesellschaften hingegen hören nur bei Betrugsverdacht auf den Pathologen, nehmen aber sonst rücksichtslos den zynischen Standpunkt ein: Sie berechnen die Prämien nach den Sterbetafeln von Menschen, aus denen sich die Lebenserwartungen der vielen Versicherten ergeben. Selbst wenn einer der Versicherten vorzeitig sterben sollte und die hohe Versicherungssumme zu erstatten ist, die Versicherung nimmt dies gelassen hin: Sie hat so viele andere Versicherte, die brav und für lange Zeit die Prämien entrichten; der vorzeitige Tod des einen wird vom langen Leben einiger anderer locker aufgewogen.

Um beim Vergleich zu bleiben: Die Newton'sche Physik versucht den Zerfall des radioaktiven Kohlenstoffatoms aus der Sicht eines „Atom-Pathologen" zu begreifen: Was hat das Atom dazu getrieben, gerade jetzt zu zerbrechen? Alle Befunde der modernen Physik belegen jedoch: „Atom-Pathologen" stehen auf verlorenem Posten. Sie werden nie Ursachen des gerade jetzt erfolgten Zerfalls aufdecken. Aber eine „Versicherungsgesellschaft für radioaktiven Kohlenstoff" hätte garantierte Chancen auf Erfolg:

Denn obwohl der Zeitpunkt des Zerfalls eines einzelnen radioaktiven Kohlenstoffatoms völlig ungewiss ist und – solange es nicht zerfallen ist – ungewiss bleibt, kann man mit Gewissheit vorhersagen, dass bei einem Ensemble von einer Milliarde radioaktiver Kohlenstoffatome nach exakt 5728 Jahren 500 Millionen zerfallen sein werden, nach weiteren 5728 Jahren zusätzlich 250 Millionen zerfallen sein werden und nach nochmaligen 5728 Jahren weitere 125 Millionen zerfallen sein werden. Diese 5728 Jahre sind die berühmte *Halbwertszeit* des radioaktiven Kohlenstoffs.

Dies ist eine der bemerkenswerten Folgerungen aus der Wahrscheinlichkeitsrechnung: Das einzelne Ereignis – in unserem Fall der Zerfall des radioaktiven Kohlenstoffatoms – ist rein *zufällig*. Und trotzdem kann man bei einem großen Ensemble von vielen solcher zufälligen Ereignisse *sichere* Prognosen erstellen.

Sie selbst können dies in einem Modellversuch nachspielen: Ersetzen wir die Halbwertszeit von 5728 Jahren des radioaktiven Kohlenstoffs durch fünf Minuten, und ersetzen wir die Abermilliarden radioaktiver Kohlenstoffatome in der Fingerkuppe Ihres linken Ringfingers durch hundert Würfel. Alle fünf Minuten werfen wir die uns zur Verfügung stehenden Würfel auf einmal auf den großen grünen Tisch. Jene Würfel, die eine gerade Augenzahl zeigen, scheiden aus: Sie werden weggenommen und spielen beim nächsten Wurf nicht mehr mit. Sie entsprechen den innerhalb dieser fünf Minuten zerfallenen Kohlenstoffatomen.

Nach dem ersten Wurf zeigen etwa fünfzig der hundert Würfel gerade Augenzahlen. Natürlich werden es nicht immer genau 50 sein, vielleicht nur 46, vielleicht gar 57, aber man kann davon ausgehen, dass etwa 50 der beim ersten Wurf geworfenen Würfel als „zerfallene Kohlenstoffatome" ausscheiden. Beim zweiten Wurf, fünf Minuten später, zeigen etwa 25 der verbliebenen 50 Würfel gerade Augenzahlen. Auch sie scheiden als „zerfallene

Kohlenstoffatome" aus. Und beim dritten Wurf, weitere fünf Minuten später, scheiden von den verbliebenen 25 Würfeln etwa 12 aus, die eine gerade Augenzahl zeigen.

Ab hier ist die Anzahl der verbliebenen Würfel schon so klein geworden, dass die Annahme der „großen Zahl", die für die Wahrscheinlichkeitsrechnung wesentlich ist, zu wackeln beginnt.

Eine Variante des Spiels besteht darin, nur jene Würfel beim nächsten Spiel als „zerfallene radioaktive Atome" auszuscheiden, welche die Augenzahl Sechs zeigen. In einem Experiment schieden beim ersten Wurf von 100 Würfeln genau 15 Würfel aus, weil sie Sechs zeigten. Beim zweiten Wurf zeigten von den verbliebenen 85 Würfeln genau 13 die Sechs und schieden aus, und so ging dies weiter. Die folgende Tabelle dokumentiert das Experiment:

Wurf	1.	2.	3.	4.	5.	6.	7.	8.	9.	10.	11.	12.	13.	14.	15.
Würfelanzahl	100	85	72	61	52	44	37	31	27	23	19	16	14	12	10
davon zeigen Sechs	15	13	11	9	8	7	6	4	4	4	3	2	2	2	2

Auch in dieser Variante gibt es eine Halbwertszeit. Sie beträgt etwa 25 Minuten, denn beim fünften Wurf ist nur mehr etwa die Hälfte der ursprünglich hundert Würfel im Spiel, beim zehnten Wurf nur mehr etwa ein Viertel.

In die Physik der radioaktiven Stoffe übertragen bedeutet dies, dass man statt Kohlenstoff ein anderes radioaktives Element vor sich hat. Radioaktives Uran 238 zum Beispiel hat eine viel längere Halbwertszeit als 5728 Jahre; sie beträgt 4,47 Milliarden Jahre.

Aber wie lang immer sie auch dauert: Alle radioaktiven Zerfälle beruhen auf dem perfekten Zufall. Und nicht nur sie: im Grunde alle Prozesse der Physik, die ganze Welt.

Ist Gott Linkshänder?

Alles besteht, so lehrte der antike Philosoph Demokrit, aus Atomen, unteilbaren kleinsten Teilchen. Zu Beginn des 19. Jahrhunderts gelang es mit dieser Idee der Chemie, die wunderbar vielfältige Welt der Materie zu erklären: Atome können sich zu Molekülen verbinden, und diese Moleküle seien, so glaubte der italienische Gelehrte Amadeo Avogadro, die kleinsten Teilchen, welche die Eigenschaften des zugrunde liegenden Stoffes haben.

Wasser zum Beispiel besteht aus unfassbar vielen Molekülen H_2O, und ein H_2O-Molekül setzt sich aus zwei Atomen Wasserstoff, mit der Abkürzung H, und einem Atom Sauerstoff, mit der Abkürzung O, zusammen. O_2 ist ein Molekül, das nur aus zwei miteinander verbundenen Sauerstoffatomen besteht; es ist das Molekül des Gases Sauerstoff. Die Luft besteht etwa zu einem Fünftel aus diesem Gas, das für uns zum Atmen lebensnotwendig ist. Wenn hingegen drei Sauerstoffatome sich zu einem Molekül O_3 verbinden, ist Ozon entstanden, das bekannte giftige Reizgas, welches wir in den unteren Schichten der Atmosphäre zu meiden

Strukturformeln der Moleküle von Wasser H_2O, von Sauerstoff O_2, von Schwefelwasserstoff H_2S, von Schwefelsäure H_2SO_4 und von Alanin $H_7C_3NO_2$

trachten, das aber in den hohen Schichten der Lufthülle vor schädlichen Sonnenstrahlen schützt. Ersetzt man im Wassermolekül H_2O das Sauerstoffatom O durch ein Schwefelatom S, entsteht H_2S, Schwefelwasserstoff, ein extrem giftiges Gas, das aber derart bestialisch nach faulen Eiern stinkt, dass man vor ihm die Flucht ergreift, bevor man noch gefährliche Dosen einzuatmen imstande ist. Ein schon kompliziertes Molekül ist H_2SO_4: Es besteht aus zwei Atomen Wasserstoff, einem Atom Schwefel und vier Atomen Sauerstoff und ist das Molekül einer fürchterlich ätzenden flüssigen Substanz, der Schwefelsäure.

Auch Stoffe lebender Substanzen bestehen aus einer Vielzahl von Molekülen, die sich hauptsächlich aus den Atomen des Wasserstoffs H, des Sauerstoffs O, des Kohlenstoffs C, des Stickstoffs N zusammensetzen und Prisen von Atomen anderer Elemente hinzutreten. So ist zum Beispiel $C_3H_7NO_2$ Alanin, eine sogenannte Aminosäure, welche einen wesentlichen Bestandteil der Eiweißstoffe in unserem Körper darstellt. Aus einer so eigenartigen Formel wie $C_3H_7NO_2$ können Chemikerinnen und Chemiker wenig herauslesen. Sie wollen wissen, wie sich die drei Kohlenstoffatome, die sieben Wasserstoffatome, das Stickstoffatom und die zwei Sauerstoffatome im Alaninmolekül geometrisch anordnen. Die Antwort darauf lautet: Jedes der drei C-Atome hat gleichsam vier Arme. Die C-Atome sind in einer Reihe so aufge-

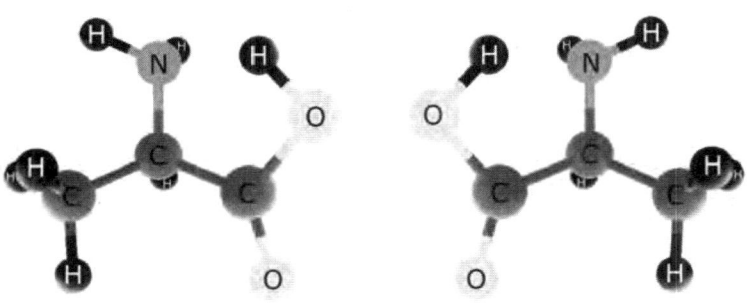

Räumliche Struktur der beiden Versionen des Alaninmoleküls

stellt, dass das mittlere C-Atom zwei seiner Arme jeweils einem Arm der beiden anderen reicht. Seinen dritten Arm reicht es einem H-Atom und seinen vierten Arm einer NH_2-Atomgruppe. Das C-Atom auf der einen Seite reicht zwei seiner Arme einem O-Atom und seinen letzten verbliebenen Arm einer OH-Atomgruppe. Das C-Atom auf der anderen Seite reicht seine drei noch freien Arme jeweils einem H-Atom. Eine Skizze, in denen die einander reichenden Arme als Striche symbolisiert sind, verdeutlicht die geometrische Struktur dieses Moleküls.

Man darf aber nie vergessen, dass sich die drei C-Atome, die sieben H-Atome, das N-Atom und die zwei O-Atome im dreidimensionalen Raum zum Alaninmolekül verbinden. Und für die oben beschriebene Anordnung sind zwei Versionen denkbar, die sich zueinander verhalten wie Original und Spiegelbild. Es ist, um einen anschaulichen Vergleich heranzuziehen, wie mit einem Paar Handschuhe: Jeder Handschuh hat die gleiche geometrische Struktur: hinten eine große Aushöhlung, in die die Hand passen soll, und vorne eine kurze Ausbuchtung für den Daumen und vier lange Ausbuchtungen für die restlichen Finger. Aber es gibt zwei Typen von Handschuhen: einen für die rechte und einen für die linke Hand. Legt man einen Handschuh für die rechte Hand vor einen Spiegel, sieht man im Spiegelbild einen Handschuh für die linke Hand. Aber wie man einen rechten Handschuh auch dreht und bewegt – nur nicht umstülpt, aber das macht hoffentlich kein anständig sich kleidender Mensch –, nie wird es gelingen, aus ihm einen für die linke Hand passenden Handschuh zu machen.

Moleküle wie das H_2O-Molekül des Wassers oder das H_2SO_4-Molekül der Schwefelsäure sind so einfach gebaut, dass sie sich in ihrer räumlichen Struktur nicht von ihrem Spiegelbild unterscheiden. Um noch einmal den billigen Vergleich mit Textilien zu bemühen: Diese einfachen Moleküle sind wie Socken, bei denen es keine Rolle spielt, welchen Socken eines Paares man auf welchem Fuß anzieht. Aber das Alaninmolekül – und dies ist ein noch vergleichsweise simples unter den höchst komplexen organischen Molekülen – ist bereits so kompliziert strukturiert wie ein Handschuh: Es gibt ein R-Alanin, das einem rechten Handschuh entspricht, und ein L-Alanin, das einem linken Handschuh entspricht.

Wenn man im Labor Alanin oder irgendeine andere Aminosäure aus ihren Bestandteilen künstlich herstellt, entstehen praktisch gleich viele L-Aminosäuren wie R-Aminosäuren. Das verwundert kaum, denn es ist für die Atome gleich wahrscheinlich, sich in der rechten Strukturform anzuordnen und zu verbinden wie in der linken. Was aber zum Erstaunen Anlass gibt, ist die Tatsache, dass die Aminosäuren, die in lebenden Substanzen vorkommen, ausschließlich vom L-Typ sind. Keine einzige gehört zum R-Typ.

Für diejenigen Neugierigen, die wissen wollen, wie man so etwas überhaupt feststellen kann, sei in diesem Absatz kurz die Erklärung angedeutet: Alle von Fotografie Begeisterten wissen, wie man mit Polarisationsfiltern unerwünscht reflektiertes Licht unterdrücken kann: Polarisationsfilter lassen nur Licht durch, das – vereinfacht gesprochen – in einer bestimmten Ebene schwingt. Will man Licht durch zwei hintereinander aufgestellte Polarisationsfilter senden, müssen diese beiden im richtigen Winkel zueinander ausgerichtet sein. Verdreht man den einen danach um neunzig Grad, kann Licht nicht mehr die beiden Filter durchlaufen: Es wird vom zweiten Filter gelöscht. Wenn man aber eine lichtdurchlässige Lösung aus einer Substanz, die aus lauter L-Aminosäuren besteht, zwischen die beiden Filter schiebt, kann wieder Licht durch den zweiten Filter dringen. Die L-Moleküle drehen nämlich die Polarisationsebene des Lichtes nach links. Die R-Moleküle würden die Polarisationsebene in gleicher Weise nach rechts drehen und auch Licht durch den zweiten Filter lassen. Da sich in der im Labor künstlich hergestellten Aminosäure aber gleich viele L- wie R-Moleküle befinden, gibt es in Summe keine Drehung: Der zweite Polarisationsfilter löscht das Licht. Nicht so bei Lösungen von Aminosäuren aus lebenden Substanzen.

Ich kann mich noch gut erinnern, als in der Chemiestunde unserer Klasse der Lehrer uns Achtzehnjährigen das eindrucksvolle Experiment vorführte, wonach aus Lebensprozessen gewonnene Aminosäuren die Schwingungsebene des Lichts zu drehen vermögen. Die Natur bevorzugt die L-Aminosäuren und verwirft ihre Spiegelbilder. „Ist Gott ein Linkshänder?" fragte Franz Richter, unser Lehrer, theatralisch. Er war ein bemerkenswerter Herr, in Wahrheit eine mit unglaublichem Wissen erfüllte Künstlernatur. Er verfasste mehrere Lyrikbände, auch ein sehr amüsant geschriebenes Buch mit dem Titel „Wir leben chemisch", daneben spielte er wunderbar die Violine – chemisch ignorante Schüler, die mit ihm Streichquartett spielen konnten, brauchten seine Prüfungen nicht zu fürchten –, und er war ein tiefer Kenner der bildenden Kunst. Und nun stand dieser hochintelligente Mann vor uns und war selbst zutiefst beeindruckt von der Tatsache, dass die lebende Natur gleichsam aus einer Halde von gleich vielen rechten wie linken Handschuhen nur die linken in ihr Repertoire aufnahm und die rechten verwarf. Warum? War dies Plan oder Zufall? Und wenn Zufall, wie ist ein solcher Zufall möglich?

Ein wenig kann man dies zu erklären versuchen. Man stelle sich einen fast unerschöpflichen Vorrat von schwarzen und weißen Kugeln vor. Zuerst wählen wir zehn schwarze und zehn weiße Kugeln aus und werfen sie in eine Kiste. Willkürlich lassen wir das sprichwörtliche Waisenmädchen mit verbundenen Augen zehn Kugeln aus der Kiste ziehen und wegwerfen. Dann blicken wir in die Kiste und geben zu jeder verbliebenen weißen Kugel eine weitere weiße Kugel aus dem Vorrat hinzu und geben zu jeder verbliebenen schwarzen Kugel eine weitere schwarze Kugel aus dem Vorrat hinzu, sodass sich wieder insgesamt zwanzig Kugeln in der Kiste befinden. Nun kommt erneut das Waisenmädchen mit den verbundenen Augen zum Zug, es wirft zehn zufällig aus der Kiste entnommene Kugeln weg. Danach ergänzen wir wieder auf zwanzig Kugeln: für jede verbliebene weiße Kugel eine weitere weiße und für jede verbliebene schwarze Kugel eine weitere schwarze. Und dieses Spiel führen wir weiter und weiter.

Auf extrem vereinfachte Weise erleben wir im Spiel die Idee des „Stirb und Werde": Das Waisenmädchen sondert aus der Kiste Kugeln aus, die weggeworfen werden, sie spielen in Zukunft keine Rolle mehr, sie sind „gestorben". Die Ergänzung der verbliebenen zehn Kugeln auf zwanzig entspricht der „Fortpflanzung". Dabei ist wesentlich, dass sich diese „Fortpflanzung" nach der jeweiligen Farbe ausrichtet: weiß zu weiß und schwarz zu schwarz. Das hat seinen guten Grund: Wenn ein Schmerzpatient ein Medikament nähme, dessen Wirkstoff sich statt aus L-Aminosäuren nur aus R-Aminosäuren zusammensetzt, würde es ihm nicht helfen, weil die R-Aminosäuren des Medikaments keine biologisch relevanten Reaktionen mit den L-Aminosäuren des Patienten eingehen. Die L-Moleküle können biologisch nur andere L-Moleküle hervorbringen, keine von der gespiegelten Sorte.

Nun verfolgen wir den Bestand der Kugeln, nach ihrer Farbe aufgeschlüsselt, bei einem nach der obigen Regel durchgeführten Spiel:

	in der Kiste sind	weiß	schwarz	nach dem Ziehen bleiben	weiß	schwarz
Anfang		10	10		4	6
1. Runde		8	12		5	5
2. Runde		10	10		7	3
3. Runde		14	6		6	4
4. Runde		12	8		7	3
5. Runde		14	6		7	3
6. Runde		14	6		8	2
7. Runde		16	4		9	1
8. Runde		18	2		9	1
9. Runde		18	2		10	0
10. Runde		20	0		10	0
11. Runde		20	0		10	0
...		...	...		...	...

Wie man sieht: Am Anfang ist alles noch ziemlich ausgeglichen: Das Waisenmädchen lässt vier weiße und sechs schwarze Kugeln in der Kiste. Beim Nachfüllen sind zwar die schwarzen Kugeln leicht bevorzugt, aber das Waisenmädchen hat danach zufällig so gezogen, dass in der zweiten Runde die gleiche Ausgangslage wie am Anfang vorlag. Danach kam es zu einer Bevorzugung der weißen Kugeln, die zwar in der dritten Runde leicht abgeschwächt wurde, sich aber in den folgenden Runden stetig fortsetzte. Kein Wunder: Wenn nach dem Nachfüllen in der siebenten Runde 16 weiße nur vier schwarzen Kugeln gegenüberstehen, ist es gar nicht unwahrscheinlich, dass das Waisenmädchen sieben weiße und drei schwarze Kugeln herausnimmt und somit neun weiße und nur eine schwarze Kugel in der Kiste belässt. Jetzt ist die Situation für die schwarzen Kugeln schon kritisch geworden:

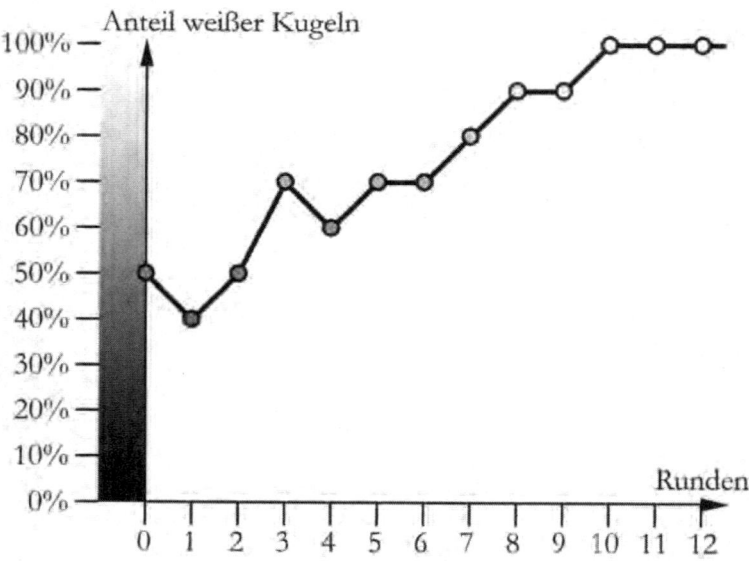

Das Mischungsverhältnis der weißen und der schwarzen Kugeln in der Urne ändert sich mit jeder Runde so lange, bis – zufällig – nur eine der beiden Sorten zu 100% in der Urne liegt.

Sollte es der Zufall wollen, dass das Waisenmädchen neben acht weißen Kugeln die beiden verbleibenden schwarzen Kugeln entfernt – dies erfolgt im obigen Beispiel in der neunten Runde –, gibt es plötzlich nur mehr die weißen Kugeln in der Kiste. Und dann ist es für alle künftigen Zeiten ausgeschlossen, dass jemals wieder eine schwarze Kugel in die Kiste gelangt.

Ein wenig ahmt dieses Spiel das nach, was in der Biologie Selektion genannt wird. Dabei gibt es zwischen weißen und schwarzen Kugeln gar keine Unterschiede, keine der beiden Sorten ist bevorzugt, hat, im Sinne Darwins, die größere Fitness. Doch selbstverständlich ist dies nur ein sehr unbeholfenes Modell von in Wahrheit höchst komplizierten Vorgängen.

Man könnte es wenigstens dadurch ein wenig komplizierter gestalten, dass man statt von zehn weißen und von zehn schwarzen Kugeln von tausend weißen und von tausend schwarzen Kugeln ausgeht. Dann dauert das Spiel naturgemäß viel länger, viel öfter wird sich die Ausgangslage einer ziemlich genauen Fifty-Fifty-Verteilung der beiden Kugel-„Populationen" einstellen, aber wenn es einmal zu einer Drift zugunsten einer der beiden Farben kommt, die sich zufällig verstärkt, begünstigt die Spielregel, dass die Verstärkung anhält und – nach vielen Abertausenden Runden – schließlich eine einzige der beiden Farben übrig bleibt.

Und man darf nicht vergessen, dass die Evolution eine Überfülle an Zeit zur Verfügung hat: nicht bloß Jahrtausende, sondern sogar Jahrmillionen, Jahrmilliarden – unvorstellbare Zeiträume.

Also kann es wirklich bloßer Zufall sein, dass nur die L-Aminosäuren in biologischen Substanzen auftreten. Es hätten auch nur die R-Aminosäuren sein können. Aber selbst wenn man davon überzeugt ist, dass der Zufall biologisches Geschehen steuert, weiß man noch lange nicht, was das ist: Zufall …

Die Erfindung des Zufalls

Andrej N. Kolmogorow, russischer Mathematiker und Forscher im Gebiet der Wahrscheinlichkeitsrechnung, hatte es im damaligen Sowjetreich nicht leicht. Denn die Doktrin des Marxismus-Leninismus ging vom ehernen Gesetz der Geschichte aus, das weder für Gott noch für den Zufall Platz ließ. „Sagen Sie, Andrej Nikolajewitsch", fragte ihn einmal ein politischer Kommissar, „was ist das: Zufall?" Geistesgegenwärtig antwortete Kolmogorow: „Genosse Kommissar, stellen Sie sich vor, ein armer Bauer betet um Regen. Und es regnet. Das ist Zufall!"
Mündliche Mitteilung von Wolfgang Herfort

Zwei Ziegen und ein Auto

Scheherazade, die Tochter des Wesirs von König Scharyar, war, so erzählt die Legende, über den König entsetzt: Jeden Tag heiratete dieser eine neue Frau, die er am nächsten Morgen hinrichten ließ. Seine Grausamkeit rührte von einer bitteren Erfahrung mit seiner ersten Frau her: Er entdeckte, dass sie ihn mit einem Sklaven betrog. Daraus zog er den Schluss, es gäbe keine treue Frau auf Erden. Um sicher zu gehen, sich nie wieder von einer Frau betrügen zu lassen, gönnte er keiner seiner Frauen mehr ein längeres Leben als einen Tag nach der Hochzeit.

Scheherazade weiß, wie sie diesem grausamen Treiben ein Ende bereitet: Sie lässt sich von ihrem Vater dem König als Frau geben. In der Nacht beginnt sie, Scharyar eine Geschichte zu erzählen, deren Handlung am nächsten Morgen abbricht. Neugierig auf das Ende der Geschichte lässt Scharyar sie am Leben. Aber in der nächsten Nacht beendet sie nicht nur die vorher erzählte Geschichte, sondern beginnt wieder mit einer neuen, deren Ende beim Anbruch des Tages noch offen bleibt.

So erzählt sie 1001 Nächte lang. Am Ende ist König Scharyar von Scheherazades Klugheit so beeindruckt, dass er sie am Leben lässt, ja sich in sie unsterblich verliebt.

Am Tag nach der tausendundersten Nacht stelle ich mir das folgende Gespräch zwischen Scharyar und Scheherazade vor:

„Wie aber kann ich sicher sein, dass du mir treu bleibst?" fragt der immer noch nicht von seinem Argwohn erlöste Scharyar. „Gewiss kannst du dessen nicht sein", gibt Scheherazade unumwunden zu, „aber ich will dir zeigen, wie sehr du mir vertrauen kannst: Ein einziges meiner 1001 Märchen ist eine wahre Geschichte. So sicher, wie du erraten wirst, welches der 1001 Märchen wahr ist, so sicher kannst du sein, dass ich dich nie betrügen werde."

„Aber es ist doch fast ausgeschlossen, dass ich die einzig wahre Geschichte unter deinen 1001 Märchen errate", fuhr Scharyar sie an, „ich kann mich doch nur mehr dunkel an alle und überhaupt nicht mehr an deren Reihenfolge erinnern. Ich müsste blind raten. Es ist doch höchst unwahrscheinlich, dass ich die richtige treffe." „Versuch es trotzdem", beruhigte ihn Scheherazade, „ich werde dir beim Raten helfen. Sag mir zuerst nur irgendeine Zahl zwischen eins und tausendundeins, es könnte die Nummer der wahren Geschichte sein."

„Siebenhundertneunundzwanzig", murmelte missmutig der König. „Jetzt will ich dir helfen", flüsterte nun Scheherazade ihm ins Ohr, „das 729. Märchen hast du ausgewählt, und ich sage dir, dass vielleicht diese, oder aber die 313. Geschichte wahr ist. Alle anderen sind bestimmt nur erfunden. Ich gebe dir noch einmal die Möglichkeit zu raten: Welche der Geschichten ist wahr, die siebenhundertneunundzwanzigste oder die dreihundertdreizehnte?"

Der König dachte ein wenig nach, dann begann er zu lächeln und umarmte erleichtert seine gewitzte Frau: „Jetzt begreife ich: Sicher wird die 313. Geschichte die wahre Geschichte sein, jedenfalls tausendmal sicherer, als dass es das 729. Märchen wäre. Du bist doch wirklich sehr, sehr klug. Denn damit hast du mich auch gelehrt: Zuvor hatte ich irgendwelche Frauen gewählt und konnte mich nie auf deren Treue verlassen. Du aber hast dann durch deinen Vater dafür gesorgt, dass ich genau dich wähle, und auf deine Treue kann ich mich tausendmal mehr verlassen als bei irgendeiner anderen Frau."

Wie kommt Scharyar zur Erkenntnis, dass die 313. Geschichte tausendmal sicherer die einzig wahre unter den 1001 Märchen ist als die 729. Geschichte? Seine Überlegung ist leicht erklärt: Die Wahrscheinlichkeit, dass seine zuerst genannte Geschichte, das 729. Märchen, die wahre Geschichte ist, beträgt bloß 1 : 1001, knapp ein Promille – nur ein günstiger Fall unter tausendundeins möglichen Fällen. Die Wahrscheinlichkeit, dass sich die wahre Geschichte unter den anderen Märchen befindet, ist hingegen 1000 : 1001, sie ist tausendmal größer. Nun hat aber Scheherazade unter den anderen tausend Märchen alle außer dem 313. ausgeschlossen. Mit anderen Worten: Die fast 100 % betragende Wahrscheinlichkeit von 1000 : 1001 konzentriert sich nun allein auf die 313. Geschichte. Es wäre für Scharyar geradezu widersinnig, auf seiner ersten Wahl des 729. Märchens zu beharren; mit an Sicherheit grenzender Wahrscheinlichkeit wird die 313. Geschichte die einzig wahre sein.

Dieses 1002. Märchen erzähle ich hier deshalb, weil sich ein ähnliches Phänomen nicht in der orientalischen Legende aus längst vergangener Zeit, sondern in Wahrheit und nur vor wenigen Jahren abspielte. Man nennt es das Monty-Hall-Paradoxon:

Der sich Monty Hall nennende Kanadier Maurice Halperin ist ein begnadeter Showmaster des amerikanischen Fernsehens. In einer seiner Shows mit dem Namen „Let's Make A Deal", übersetzt: „Machen wir ein Geschäft", ging es immer darum, den Hauptgewinn, ein schickes Auto, zu ergattern. Es ist hinter einer von drei Türen versteckt; die beiden anderen Türen verbergen je eine Ziege. Nachdem die Kandidatin oder der Kandidat sich für eine der drei Türen entschieden hat, hinter der sie oder er das Auto vermutet, öffnet Monty Hall, der natürlich weiß, hinter welcher Tür sich das Auto wirklich verbirgt, eine der beiden nicht gewählten Türen und gibt den Blick auf eine Ziege frei. Danach bietet er mit der bereits legendär gewordenen Aufforderung „let's make a deal" an, die Entscheidung noch einmal zu überdenken. Entweder auf der bereits gewählten Tür zu beharren oder aber auf die andere, noch nicht geöffnete Tür zu setzen.

Die Show erfreute sich zwischen 1963 bis 1977 und danach, mit Unterbrechungen, zwischen 1981 und 1986 sowie noch einmal im Jahr 1990 unerhörter Beliebtheit. Viele Kandidaten beharrten bei ihrer ersten Wahl, manche von ihnen gewannen, die anderen erblickten beim Öffnen der von ihnen gewählten Tür entsetzt die Ziege. Eine Reihe von Kandidaten hingegen wechselte, und auch bei ihnen gewannen manche und die anderen tippten auf die Ziege – ärgerlich, weil sie vorher die Tür anvisiert hatten, die das Auto verbarg.

Eine ganze fernsehsüchtige Nation war von der Frage fasziniert: Was ist bei Monty Halls Show vorteilhafter: stur zu bleiben oder zu wechseln?

Marilyn vos Savant, die im Guinnessbuch der Rekorde als Person mit dem höchsten jemals gemessenen Intelligenzquotienten eingetragen ist, schrieb in einem Artikel, der von mehreren Hundert amerikanischen Zeitungen gedruckt wurde, dass die Chance, das Auto zu bekommen, beim Wechseln der Türen doppelt so hoch sei als im Fall, bei der vorher gewählten Tür zu beharren. Eine Flut von Leserbriefen ergoss sich daraufhin über sie. Die Verfasser der Briefe meinten, es sei doch klar, dass bei der zweiten Wahl die Chancen fifty-fifty verteilt seien, es daher unerheblich sei, ob man wechselt oder auf seiner gewählten Tür beharrt. Die drei folgenden Zitate stammen von Wissenschaftern an Universitäten und Akademien:

„Sie haben Unsinn verzapft! Als Mathematiker bin ich sehr besorgt über das verbreitete Unwissen in mathematischen Dingen. Bitte machen Sie den angerichteten Schaden gut, indem Sie Ihren Fehler zugeben, und seien Sie in Zukunft vorsichtiger."

„Es gibt genug mathematischen Unverstand in der Welt, und die Inhaberin des höchsten Intelligenzquotienten braucht seiner Verbreitung nicht noch Vorschub zu leisten. Schämen Sie sich!"

„Ihre Lösung des Problems ist falsch. Aber zum Trost kann ich Ihnen verraten, dass viele meiner akademisch gebildeten Kollegen ebenfalls auf den Trugschluss hereingefallen sind."

Trotz dieser Schreiben hielt Marilyn vos Savant an ihrer Aussage fest und begründete sie auch. Das Argument ist ganz ähnlich dem von der Geschichte, die ich über Scheherazade erzählte: Bei der ersten Wahl ist die Wahrscheinlichkeit, auf das Auto zu tippen, offenkundig ein Drittel. Die Wahrscheinlichkeit, dass sich das Auto hinter einer der beiden anderen Türen befindet, beträgt zwei Drittel. Dadurch, dass Monty Hall eine dieser beiden anderen Türen öffnet, hinter denen das Auto nicht verborgen ist, konzentriert sich diese Wahrscheinlichkeit von zwei Drittel auf die andere der beiden nicht gewählten Türen. Und da zwei Drittel doppelt so groß wie ein Drittel sind, verdoppelt man in der Tat seine Chance, auf die Tür mit dem Auto zu tippen, wenn man nach der ersten Wahl wechselt.

Diese sehr einsichtige Erklärung sorgte keinesfalls dafür, dass der Protest abbrach, im Gegenteil. Im Buch „Das Versteck der Andromeda" von Ian Stewart sind folgende Beispiele von Zitaten aus Leserbriefen von Universitäts- und College-Angehörigen aufgelistet:

Der Dogmatiker: „Ihre Antwort steht klar im Widerspruch zur Wahrheit."

Der Konziliante: „Darf ich den Vorschlag machen, dass Sie zunächst einmal in ein Standard-Lehrbuch der Wahrscheinlichkeitsrechnung schauen, bevor Sie das nächste Mal versuchen, ein derartiges Problem zu lösen."

Der Enttäuschte: „Wie viele entrüstete Mathematiker braucht es, bis Sie endlich Ihre Meinung ändern?"

Der Demokrat: „Ich bin schockiert, dass Sie, nachdem Sie von wenigstens drei Mathematikern korrigiert worden sind, Ihren Fehler noch immer nicht einsehen."

Der Macho: „Vielleicht gehen Frauen mathematische Probleme anders an als Männer."

Der Patriot: „Sie haben unrecht. Bedenken Sie doch: Wenn sich alle diese Doktoren irren würden, stünde es sehr schlecht um unser Land."

Jedoch: Marilyn vos Savant hat recht und „alle diese Doktoren" irrten sich. Das Rechnen mit Wahrscheinlichkeiten ist eben ein nicht ganz einfaches Geschäft. Und das Allerdümmste ist: Sicherheit versprechen Wahrscheinlichkeiten nie. Trotz des richtigen Arguments von Marilyn vos Savant kommt es vor, dass man die gewählte Tür wechselt und verliert. Das ist eben ein schlimmer Zufall …

Die höhere Gewalt

Frankreich zur Zeit Richelieus in der Mitte des 17. Jahrhunderts war ein wohlhabendes Land. Die Bauern fuhren reiche Ernten ein, das Handwerk und der Handel blühten, die einzige dem Land gefährliche Macht, das Haus Habsburg, war in die Wirren des Dreißigjährigen Krieges verstrickt und zu schwach, Frankreich zu bedrohen. Richelieu sorgte umsichtig dafür, dass sein König in einem stabilen politischen Umfeld absolutistisch über seine Untertanen herrschen konnte.

Die Adeligen lebten in Saus und Braus. Manche von ihnen glaubten im Militär ihr Glück zu finden – es war die später verklärte Zeit der Musketiere und des Cyrano de Bergerac. Manche ergingen sich im höfischen Treiben voll von wechselnden Liebschaften und Intrigen. Manche vertrieben sich die Zeit, indem sie Tage und Nächte ihrer Spielsucht frönten. Einer dieser dem Glücksspiel Verfallenen war der Edelmann Antoine Gomband, genannt Chevalier de Méré. Über ihn wird folgende Anekdote verbreitet:

Eines Abends einigten sich zwei Spieler, Chevalier de Méré und sein uns namentlich nicht bekannter Gegner, den Einsatz, ein riesiges Landgut, demjenigen als Gewinn zuzusprechen, dem es als Erstem gelingt, drei Runden des Glücksspiels mit den Würfeln für sich zu entscheiden. Die Zuschauerinnen und Zuschauer fieberten dem Fallen der Würfel entgegen. Die erste Runde ging an den Chevalier de Méré, die zweite Runde wieder an ihn, die dritte Runde aber an seinen Gegenspieler.

Doch bevor die nächste Runde eingeläutet wurde, stürmte ein Herold des Königs ins Zimmer: Alle Anwesenden haben sich unverzüglich in den Palast zu begeben, König Ludwig erwarte sie dringlichst. Dieser Befehl unterbrach das ganze Spiel, und niemand wusste, wem der Einsatz als Gewinn zuzusprechen sei. Schnell einigte man sich darauf, dass das Landgut gerecht zu teilen wäre, aber wie?

Chevalier de Méré beschloss, den ihm bekannten Gelehrten Blaise Pascal zu befragen. Pascal war schon als Wunderkind berühmt. Sein Vater, ein hoher Finanzbeamter, erzog ihn selbst und durfte seinen hochbegabten Sohn sogar Kardinal Richelieu persönlich vorstellen. Seit seinem vierzehnten Lebensjahr war er immerfort von schweren Kopfschmerzen geplagt und lernte, sein Leiden in der Beschäftigung mit Mathematik zu vergessen. Die meisten Menschen behaupten ja von sich das Gegenteil: Die Mathematik habe ihnen eher Kopfschmerzen bereitet als sie von Kopfschmerzen erlöst. Aber Pascal war eben eine außerordentliche Persönlichkeit.

In der Zeit, als der Chevalier sich an Pascal wandte, hatte sich dieser bereits von seinen mondänen Freunden getrennt, sich aus der Pariser Gesellschaft zurückgezogen, um in der Einsamkeit im Umkreis des Klosters Port-Royal des Champs zu leben und seinen philosophischen und religiösen Studien nachzugehen. In dieser Situation ereilte ihn der Brief von Chevalier de Méré, worin dieser darüber schrieb, dass eine „force majeure", eine „höhere Gewalt", die Spielgesellschaft zwang, den Spielabend abzubrechen. Er, der Chevalier, hatte zuvor zwei Runden, sein Gegenspieler eine Runde gewonnen; wer als Erster drei Runden für sich verbuchen könne, gewinne das Landgut. Wie soll es nun gerecht aufgeteilt werden?

Pascal, dem Glücksspiel schon längst entwachsen, findet die Antwort: Bezeichnet er mit A das Ereignis, dass der Chevalier de Méré eine Spielrunde gewinnt, und mit B das Ereignis, dass sein Gegenspieler eine Spielrunde gewinnt, dann – so argumentiert Pascal – könne er sich als Fortsetzung des Spielabends nur die folgenden vier Ereignisketten vorstellen: AA, d. h. der Chevalier de Méré gewinnt auch die nächsten beiden Spiele. AB, d. h. das nächste Spiel gewinnt wieder der Chevalier de Méré und danach sein Gegenspieler. BA, d. h. das nächste Spiel gewinnt der Gegenspieler und danach gewinnt Chevalier de Méré. Schließlich BB, d.h. die beiden nächsten Spiele werden vom Gegner des Chevalier de Méré gewonnen. Nur in der letztgenannten der vier Ereignisketten hätte der Gegner des Chevalier de Méré als Erster drei Runden gewonnen, in allen anderen drei Fällen ginge der Chevalier de Méré selbst als Sieger hervor. Daher, so Pascal, ist es nur gerecht, das Landgut so aufzuteilen, dass drei Viertel davon dem Chevalier de Méré zugesprochen werden und ein Viertel seinem Gegner.

Chevalier de Méré war mit dieser Antwort glücklich, aber völlig überzeugt hatte ihn Pascal damit trotzdem nicht. Was ist, so fragte er, wenn mein Gegner folgendermaßen argumentiert: Eigentlich kann man sich als Fortsetzung des Spielabends nur drei Ereignisketten vorstellen: A, d. h. der Chevalier de Méré gewinnt die nächste Runde, hat damit als Erster drei Runden gewonnen und das Landgut erobert. Oder BA, d. h. das nächste Spiel gewinnt der Gegenspieler des Chevalier de Méré und danach gewinnt Chevalier de Méré, folglich wieder als Erster drei Runden, weshalb ihm das Landgut zugesprochen gehört. Oder BB, d. h. die beiden nächsten Spiele werden vom Gegner des Chevalier de Méré gewonnen, was nun diesem das Landgut sichert. So gesehen hätte in der letztgenannten von nur *drei* Ereignisketten der Gegenspieler des Chevalier de Méré als Erster drei Runden gewonnen, in *zwei* anderen Fällen ginge der Chevalier de Méré als Sieger hervor. Was solle er antworten, insistierte de Méré bei Pascal, wenn sein Gegner aus diesem Grund das Landgut so aufteilen möchte, dass nur zwei Drittel statt drei Viertel davon ihm, dem Chevalier de Méré, zugesprochen werden?

Pascal war überzeugt davon, dass er die richtige Antwort gab. Sie hält nämlich auch dann stand, wenn man den Spielabend weiter verlängern würde, also drei weitere Runden nach den zuvor gespielten Runden ansetzte. Als mögliche Ereignisketten ergäben sich dann die *acht* Fälle *AAA, AAB, ABA, ABB, BAA, BAB, BBA, BBB*, und nur die zwei letztgenannten wären jene, bei denen der Gegner des Chevalier de Méré das Glück hätte, als Erster drei Runden für sich zu entscheiden. Also bleibt es bei der Aufteilung von sechs zu zwei, was das Gleiche wie die Aufteilung von drei zu eins ist.

Aber Pascal nennt noch einen weiteren Grund, der das oben genannte Argument des Gegners von Chevalier de Méré aufnimmt und gleichzeitig entkräftet: Ja, man muss allein die drei Fälle *A, BA,* und *BB* betrachten. Doch sehen wir uns dies näher an: Bei der nächsten Spielrunde kann entweder *A* oder *B* eintreten – beide Fälle mit einer Fifty-Fifty-Wahrscheinlichkeit. Somit hat der Chevalier de Méré eine fünfzigprozentige Chance, dass er bereits in der nächsten Spielrunde das gesamte Landgut gewinnt. Im Fall *B*, der ebenso mit fünfzigprozentiger Wahrscheinlichkeit eintritt, ist hingegen noch nichts entschieden. Es muss einfach noch eine weitere, entscheidende Runde gespielt werden. Auch in dieser übernächsten Spielrunde kann entweder *A* oder *B* eintreten, beide Fälle wieder mit einer Fifty-Fifty-Wahrscheinlichkeit. Im Falle von *A*, d. h. wenn die Ereigniskette *BA* vorliegt, hat der Chevalier de Méré wieder das gesamte Landgut gewonnen, und die Wahrscheinlichkeit dafür ist die Hälfte von den zuvor genannten fünfzig Prozent, also 25 %. Insgesamt besteht daher für den

Chevalier de Méré eine Wahrscheinlichkeit von 50 % plus 25 %, also insgesamt von 75 %, das Landgut zu erhalten. Sein Gegenspieler hingegen ist auf die Ereigniskette *BB* angewiesen; zweimal muss er dabei hintereinander gewinnen, jedes Mal mit der Wahrscheinlichkeit von $1/2$ = 50 %, was ihm bloß eine Gewinnwahrscheinlichkeit von $1/2$ mal $1/2$, also von $1/4$ = 25 % für das Landgut sichert. Es bleibt dabei: Das Gut muss im Verhältnis drei zu eins zugunsten des Chevalier de Méré aufgeteilt werden.

Die günstigen und die möglichen Fälle

Fragen wie diese verleiteten Pascal und seinen Brieffreund Pierre de Fermat dazu, über die Berechnung von Wahrscheinlichkeiten nachzudenken. Wichtig war im obigen Beispiel, dass es sich um ein pures *Glücksspiel* handelte. Denn hätte es sich um ein Strategiespiel wie Schach gehandelt und wäre der Chevalier de Méré der erfahrenere und begabtere Spieler, dann wäre es schlicht falsch, dass die Wahrscheinlichkeit des Ausgangs einer Spielrunde für beide Teilnehmer am Spiel jeweils 50 % beträgt. Oder hätte es sich gar um ein Falschspiel gehandelt, bei dem der hinterlistige Gegner des Chevalier de Méré diesen zuerst mit zwei Siegen in Sicherheit wiegt und danach mit drei hintereinander gewonnenen Runden zuschlägt, wäre es ebenfalls unrichtig, von einer gleichen Wahrscheinlichkeit des Spielausgangs für die beiden Partner auszugehen. Es hat in diesem Fall überhaupt keinen Sinn, von Wahrscheinlichkeiten zu sprechen, weil der Falschspieler mit Sicherheit den Gewinn in der Tasche hat.

Aber der Chevalier de Méré versicherte, dass alles mit rechten Dingen zugegangen sei: Beide Teilnehmer am Spiel haben allein auf das für sie glückliche Fallen der Würfel vertraut, keiner der Würfel war gezinkt, ihre Chancen seien fifty-fifty aufgeteilt gewesen.

Dies ist der entscheidende Gedanke: Die beiden Spieler *wollten* allein vom Zufall abhängig sein, den sie nach dem Ausgang des Spiels entweder als Glück oder als Pech priesen oder beklagten. Nur wenn man sicher ist, dass ein Ereignis – mag es ein Spiel sein, mag es im Ernst des Lebens auf uns zukommen – vom Zufall, und nur von diesem, geleitet wird, hat die Anwendung der Wahrscheinlichkeitsrechnung Sinn. Mit anderen Worten: *Will* man mit Wahrscheinlichkeiten rechnen, dann *will* man auch den Zufall regieren lassen.

Eben deshalb warfen beide Spieler die Würfel. Denn der Würfel ist *so konstruiert*, dass der Ausgang des Wurfes purer Zufall ist: Alle sechs Facetten des Würfels haben die gleiche Form, sieht man von den eingetragenen Augenzahlen ab. Wären die Augen nicht sichtbar, wüsste man gar nicht, auf welcher seiner Seitenflächen der Würfel nach dem Wurf zu liegen kommt, so symmetrisch ist er gebaut. Wegen dieser vom *Hersteller* des Würfels *erzeugten Symmetrie* besteht unter allen Spielern Einigkeit, dass die Wahrscheinlichkeit, eine bestimmte Augenzahl zu werfen, genau ein Sechstel beträgt. Und weil hundert durch sechs dividiert, auf eine Dezimalstelle genau 16,7 ergibt, sagt man auch, dass die Wahrscheinlichkeit, eine bestimmte Augenzahl mit dem Würfel zu werfen, 16,7 % lautet.

Wie erzeugt man mit einem Würfel eine Fifty-Fifty-Wahrscheinlichkeit, von der wir beim Spiel des Chevalier de Méré mit seinem Gegner sprachen? Nichts leichter als das: Die beiden Spieler könnten sich darauf einigen, dass der Chevalier de Méré gewonnen hat, wenn der Würfel eine gerade Augenzahl zeigt, und sein Gegner gewonnen hat, wenn der Würfel eine ungerade Augenzahl zeigt. Für den Chevalier de Méré gibt es unter den sechs *möglichen* Fällen der Augenzahlen 1, 2, 3, 4, 5, 6 die drei für ihn *günstigen* Fälle der Augenzahlen 2, 4, 6. Und die Wahrscheinlichkeit, dass ein solcher für ihn günstiger Fall eintritt, errechnet sich aus der Division der Zahl der günstigen Fälle durch die Zahl der möglichen Fälle, sie beträgt wie erwartet 3 : 6, also $\frac{1}{2}$ oder fünfzig Prozent.

Selbstverständlich hätten sich die beiden auch darauf einigen können, dass der eine gewinnt, wenn eine der kleinen Augenzahlen 1, 2, 3 geworfen wird, und der andere gewinnt, wenn eine der großen Augenzahlen 4, 5, 6 geworfen wird. Oder, falls beide etwas für Zahlentheorie übrig hätten, dass der eine gewinnt, wenn eine Primzahl als Augenzahl geworfen wird, und der andere gewinnt, wenn keine Primzahl als Augenzahl geworfen wird. Denn es gibt zwischen eins und sechs nur die drei Primzahlen 2, 3, 5, und dies sind wieder für den ersten Spieler drei günstige Fälle im Vergleich zu den sechs möglichen. Allerdings muss man wissen, dass seit alters her die Zahl Eins nie zu den Primzahlen gezählt wurde; als Erste aller Zahlen besitzt sie eine Ausnahmestellung, und die Primzahlen lässt man erst mit 2 beginnen. Würde der erste Spieler siegen, wenn eine der Zahlen 1, 2, 3, 5 geworfen wird, hätte er natürlich eine viel höhere Gewinnchance als der zweite Spieler, dem als Gewinnzahlen nur 4 und 6 verblieben. Denn beim ersten Spieler beträgt in diesem Fall die Wahrscheinlichkeit des Sieges nach einem Wurf vier durch sechs, also ziemlich genau 66,7 %, und beim zweiten Spieler bloß zwei durch sechs, also nur bescheidene 33,3 %.

Man sagt Pascal nach, dass er sogar selbst ein Glücksspiel erfunden habe: das Roulette. Das beruht allerdings auf einem Missverständnis. Pascal verfasste tatsächlich im Jahr 1658 zwei Schriften mit den Titeln „Histoire de la roulette" und „Suite de l'histoire de la roulette", doch handeln diese Schriften nicht vom Roulettespiel, sondern von einer sogenannten „Rollkurve", die im Französischen auch mit „roulette" bezeichnet wird.

Doch als Pionier der Wahrscheinlichkeitsrechnung wäre es für Pascal ein Leichtes gewesen, die Chancen im Roulettespiel zu berechnen: 37 Fächer, alle gleich groß, keines gegenüber den anderen bevorzugt, befinden sich, von null, genannt „zero", bis 36 nummeriert, am Rand des mit Akribie symmetrisch konstruierten Roulettekessels. Die Wahrscheinlichkeit, dass die Elfenbeinkugel in ein spezielles dieser Fächer fällt – James Bond setzt bevorzugt 14, wenn die Kamera läuft –, beträgt eins zu 37, was sich nach Division von hundert Prozent durch 37 als ziemlich genau 2,7 %

herausstellt. Doch man muss als Spieler nicht unbedingt „plein", also auf genau eine Nummer, setzen. Die Möglichkeiten zu setzen sind erstaunlich vielfältig. So ist zum Beispiel das Feld zero grün unterlegt, die Nummern 1, 3, 5, 7, 9, 12, 14, 16, 18, 19, 21, 23, 25, 27, 30, 32, 34, 36 sind rot unterlegt, und die restlichen Nummern sind schwarz unterlegt. Wenn ein Spieler auf „rouge", also auf rot, setzt, beträgt die Wahrscheinlichkeit, dass er gewinnt, 18 : 37, denn achtzehn der 37 möglichen Fälle sind für ihn günstig. In Prozenten ausgedrückt sind dies fast fünfzig Prozent, genauer: 48,6 %. Dieselbe Wahrscheinlichkeit zu gewinnen besteht, wenn man auf „noir", also auf schwarz, setzt. Und das Gleiche gilt, wenn man auf die ungeraden Nummern setzt, genannt „impair", wie auch auf die geraden Nummern, genannt „pair", wobei zero im Roulette nicht zu den geraden Nummern zählt. Ebenso lautet die Gewinnwahrscheinlichkeit 48,6 %, wenn man auf die Nummern zwischen 1 und 18, genannt „manque", bzw. wenn man auf die Nummern zwischen 19 und 36, genannt „passe", setzt, denn in allen diesen Beispielen hat man achtzehn der 37 möglichen Fälle für sich als „günstig" erkoren.

Doch genauso darf man „cheval" setzen, den Einsatz auf dem Tableau auf benachbarte Nummern wie auf zero oder 2, auf 13 oder 14, auf 27 oder 30 legen. Statt 2,7 % beträgt nun die Wahrscheinlichkeit des Gewinns 5,4 %. Oder man setzt zum Beispiel die „transversale simple de quatre à neuf", womit alle Zahlen zwischen quatre, also vier, bis neuf, also 9, als „günstig" erachtet werden. Weil es sich hierbei um sechs Nummern handelt, lautet die Gewinnwahrscheinlichkeit 6 : 37, fast ein Sechstel, genauer: 16,2 %. Oder man setzt „colonnes", zum Beispiel – abgesehen von zero – alle durch drei teilbare Zahlen. Es handelt sich hierbei um zwölf Nummern, demnach beträgt 12 : 37, also 32,4 % die Wahrscheinlichkeit des Gewinns. Gewiefte Spieler lieben Kesselspiele: Sie setzen Nummern, die im Roulettekessel benachbart sind. Das „Zero-Spiel" zum Beispiel besteht darin, auf die sieben im Kessel nebeneinanderliegenden Nummern 12, 35, 3, 26, 0, 32 und 15 zu setzen, bei denen zero von vier und zwei Nummern umrahmt wird. Aber auch hier berechnet sich die Wahrscheinlichkeit des Gewinns wie in den zuvor genannten Beispielen: Sieben „günstige" im Vergleich zu den 37 möglichen Fällen führt zu 7 : 37, was auf eine Dezimalstelle berechnet 18,9 % entspricht.

Es ist hier nicht der Ort, alle Finessen des Roulettespiels zu erklären. Was die meisten Spieler interessiert, ist die Antwort auf eine ganz andere Frage: Gibt es eine Strategie, beim Roulette zu gewinnen? Und die Antwort lautet: Ja, eine solche Strategie gibt es, Pascal selbst soll sie gefunden haben.

Doublieren und gewinnen – oder alles verlieren

Wenn man der Legende glauben darf, schlug Pascal vor, die Einsätze beim Roulette von Spiel zu Spiel zu verdoppeln, bis der Gewinn eintritt. Betrachten wir dies anhand einer frei erfundenen Erzählung:

Chevalier de Méré, der Edelmann mit dem fast unermesslichen Vermögen, verbringt eine Nacht am Roulettetisch. Er setzt einen Dukaten auf rouge, gewinnt und erhält daher von der Spielbank seinen Einsatz, einen zusätzlichen Dukaten, ausgezahlt. Folglich hat er den Gewinn eines ganzen Dukatens erwirtschaftet.

Nach einem Glas Champagner im benachbarten Salon kehrt er wieder zum Roulettetisch zurück, setzt wieder einen Dukaten auf rouge und verliert. Der Dukaten geht an die Bank. Nun verdoppelt de Méré seinen Einsatz und setzt zwei Dukaten auf rouge. Man nennt dies ein „Doublieren nach verlorenem Spiel". Doch auch diesmal fällt die Kugel auf noir, und de Méré hat die zwei Dukaten verloren. Aber er doubliert noch einmal, setzt also jetzt vier Dukaten auf rouge und wartet auf das Fallen der Kugel in den Fächer des Kessels. Wieder fällt sie auf noir, die vier Dukaten sind verloren. De Méré behält kühlen Kopf, doubliert wieder und setzt acht Dukaten auf rouge. Die Kugel fällt auf zero, und sein

Einsatz bleibt bis zum nächsten Spiel gesperrt. Bei diesem fällt die Kugel auf noir, und auch die acht Dukaten sind verloren.

Zur Erholung begibt sich nun der Chevalier in den Salon, zwei Gläser Champagner und ein wenig Kaviar beruhigen seine Nerven. Er kehrt dann wieder zum Spieltisch zurück und hält an seiner Strategie fest: verdoppeln. Er legt 16 Dukaten auf rouge und verfolgt den Lauf der Kugel. Sie fällt auf noir, und der Chevalier beginnt im Kopf zu rechnen. Bisher hat er $1 + 2 + 4 + 8 + 16 = 31$ Dukaten verspielt. Beim nochmaligen Doublieren setzt er 32 Dukaten auf rouge, aber die Kugel fällt auf noir. Jetzt sind insgesamt schon 63 Dukaten vom Chevalier zur Bank gewandert. Aber er bleibt gelassen und doubliert erneut: 64 Dukaten werden auf rouge gesetzt, die Kugel fällt auf 14 und der Croupier verkündet: „Quatorze, manque, pair, rouge." Endlich rouge. Chevalier de Méré darf den Einsatz behalten und die Bank zahlt ihm die gleiche Summe, also 64 Dukaten, als Gewinn aus. Nach seinem Verlust von 63 Dukaten bedeutet dies einen Dukaten Reingewinn. Mühsam ernährt sich das Eichhörnchen. Aber immerhin: Ein Dukaten ist mehr als kein Dukaten.

Die Methode, den Einsatz nach verlorenem Spiel zu steigern, wird Martingale genannt – ursprünglich der Name eines Zaumzeuges für Pferde; in der französischen Stadt Martigues am Rande der Camargue wurde dieser Sprungriemen erfunden. Das Doublieren, dem sich der Chevalier de Méré in unserer Geschichte befleißigte, ist die sogenannte Martingale classique, es gibt aber eine Vielzahl anderer und höchst raffinierter Varianten von Martingales. Wie auch immer sie gestaltet sind, die grundlegende Idee ist stets die gleiche: Setzt man beim Spieler unerschöpfliches Vermögen und für das Spiel unerschöpfliche Zeit voraus, so tritt irgendwann einmal ein sicherer Gewinn ein. Der wird im Allgemeinen höchst bescheiden ausfallen: Bei der Martingale classique ist er nur so groß wie der erste getätigte Einsatz – aber immerhin.

Allerdings, und nun kommt die schlechte Nachricht, eine sehr simple Methode der Casinos macht diese ganze schöne Strategie zunichte: Spielbanken setzen Limits. Es gibt sogenannte Maxima, über die hinaus nicht gesetzt werden darf. Dies klingt auf den ersten Blick wie ein moralisches Zugeständnis der Spielbanken, um allzu Spielwütigen die Möglichkeit zu rauben, horrende Vermögen zu setzen und sich binnen weniger Stunden in den Ruin zu treiben. Aber in Wahrheit haben diese festgesetzten Höchsteinsätze nichts mit Moral zu tun, sondern nur den Sinn, den Martingale-Spielern die Chance auf den dauerhaften Gewinn zu rauben.

Nehmen wir zum Beispiel an, dass an Chevalier de Mérés Spieltisch die Regel gilt, es dürfen auf rouge oder noir, auf pair oder impair, auf passe oder manque allerhöchstens 1200 Dukaten gesetzt werden. Das ist eine realistische Annahme, denn heutzutage beträgt das Maximum für solche „einfache Chancen" genannten Spiele das 1200-Fache des Minimums, also des Mindesteinsatzes. Die Höchsteinsätze für die anderen Spiele sind so gestaffelt, dass die Spielbank im Gewinnfall nie mehr als das Maximum auszahlen muss. Nun kann man meinen, dass der Chevalier durch andauerndes Verdoppeln mit einem Dukaten als Ersteinsatz praktisch nie zu diesem Maximum gelangen wird. Aber eine Betrachtung der Zahlenfolge 1, 2, 4, 8, 16, 32, 64, 128, 256, 512, 1024, 2048 ..., bei der die nachfolgende Zahl das Doppelte der vorhergehenden ist, lehrt das Gegenteil: Es braucht die Kugel nur zwölfmal hintereinander auf das „falsche" Feld zu fallen, und schon hat der Martingale-Spieler das Maximum überschritten. Der Croupier verweigert den Einsatz, und alles ist verloren ...

Das Maximum verhindert mit Garantie den Erfolg jedes noch so ausgeklügelt konstruierten Gewinnsystems. Man kann mit mathematischer Sicherheit beweisen, dass auf lange Sicht jeder Spieler, wie raffiniert er auch die Nummern im Roulette setzt, verlieren muss und die Spielbank den Gewinn davontragen wird. Dieser Beweis setzt aber voraus, dass der Roulettekessel mit mathematischer Präzision konstruiert ist, keine Abweichungen von der mühsam hergestellten Symmetrie vorkommen. Der Zufall wird im Casino in der Tat mit großem Geschick *erzwungen*. Denn

Der erste nach dem Zweiten Weltkrieg in Österreich 1953 eröffnete Roulettetisch.

bei technisch bedingten Unregelmäßigkeiten sind die 37 Nummern vielleicht nicht gleich wahrscheinlich. Dann werden einige Nummern mit etwas höherer Wahrscheinlichkeit getroffen als andere. Einige der „Kesselgucker" versuchen diese Favoriten herauszusuchen und darauf zu setzen. Doch die Casinos wissen sich davor zu schützen: Die technische Raffinesse der Kesselkonstruktionen ist beeindruckend, und die Roulettezylinder werden jeden Abend unter den Tischen ausgetauscht, um die Suche nach Kesselfehlern zu erschweren.

Ich stelle mir den Chevalier de Méré als einen „honnête homme" – von einem solchen sprach Pascal in seinen philosophischen Schriften –, als einen Menschen mit Stil vor, vom Luxus verwöhnt, aber dennoch über den Dingen stehend. Aus bloßem Zeitvertreib besucht er ein Spielcasino; nie betritt er es mit dem festen

Vorsatz, zu gewinnen. Er ist der Typus eines vernünftigen, nicht eines süchtigen Spielers: Alles Geld, das er einsetzt, betrachtet er als von vornherein verloren, gleichsam als Tarif für den Genuss des anregenden Abends, an dem er psychologische Studien bei seinen Freundinnen und Freunden treibt: Einige von ihnen krallen sich verbissen am Tapis, dem grünen Tuch des Spieltisches, fest, andere notieren akribisch alle vorher am Abend gefallenen Nummern, um dem Schicksal eine geheimnisvolle Botschaft zu entlocken, was – wie der Chevalier weiß – nie gelingen kann. Andere schließlich stecken wie er mit Nonchalance kleine Gewinne ein und verkraften mit gespieltem Gleichmut große Verluste. Vor allem aber bewundert der Chevalier die Präzision des Spiels, den feinsinnigen Aufwand, den die Spielbank treibt, um für den Zufall, und nur für diesen, zu sorgen.

Der berechenbare und der unberechenbare Zufall

Hinter dem puren Zufall, wie er zum Beispiel beim Fallen der Kugel auf eine der 37 Nummern des Roulettekessels regiert, verbirgt sich Mathematik. Das Gesetz der großen Zahl. Der Basler Mathematiker Jakob Bernoulli hat es in seinem Buch „Ars conjectandi", das erst 1713, acht Jahre nach seinem Tod, erschien, als Erster gefunden und formuliert. Wir hatten es bereits im Zusammenhang mit Laplace erwähnt: Mit mathematischer Präzision ist beweisbar, dass sich die Häufigkeit, mit der ein Würfel beim ziellosen Werfen auf eine bestimmte Augenzahl fällt, immer enger an die vorhergesagte Wahrscheinlichkeit von einem Sechstel, also von 16,7 %, annähert, je mehr Würfe man durchführt. Ebenso ist mit mathematischer Präzision beweisbar, dass sich die Häufigkeit, mit der die Roulettekugel auf einer bestimmten Nummer zwischen zero und 36 zu liegen kommt, immer enger an die vorhergesagte Wahrscheinlichkeit von einem Siebenunddreißigstel, also von 2,7 %, annähert, je länger das Roulettespiel dauert.

Der Trugschluss, dem dabei viele Spieler erliegen, ist verführerisch: Angenommen, in hundert vorangegangenen Spielen ist kein einziges Mal die Kugel auf zero gefallen. Dann sollte doch, so meinen viele, in den nun folgenden Spielen die Kugel scheinbar eher dazu „geneigt" sein, auf zero zu fallen, denn sie war in den vorangegangenen Spielen bei der zero „säumig" und hat einiges „nachzuholen", um dem Gesetz zu genügen, dass im Mittel einer von 37 Würfen auf zero landet. Doch dieses Argument geht an der Aussage des Gesetzes der großen Zahl völlig vorbei. Für seine Gültigkeit ist nämlich wesentlich, dass man so eben *nicht* denken darf, dass im Gegenteil jedes neue Roulettespiel *unabhängig* von den Spielausgängen der vorhergegangenen Spiele abläuft. Und selbst wenn tausendmal zuvor niemals die zero geworfen wurde (was bei einem symmetrisch konstruierten Roulettekessel praktisch nie eintreffen wird, aber nehmen wir es an), lautet auch bei jedem der folgenden Spiele die Wahrscheinlichkeit, die Kugel falle auf zero, ein Siebenunddreißigstel, und sie wird nicht größer.

Wie ausgeliefert wir den Tücken des Zufalls sind, beweist der Wiener Mathematiker und Finanzexperte Walter Schachermayer mit einem beeindruckenden Experiment. Er teilt seine Hörerschaft in zwei Gruppen. Die eine Gruppe wird beauftragt, dass ein Gruppenmitglied zweihundert Mal eine Münze wirft, und unter der Kontrolle von den anderen Gruppenmitgliedern wird mit den Ziffern Null oder Eins notiert, ob die Münze auf Kopf oder auf Zahl gefallen ist. Die andere Gruppe wird beauftragt, dass sie ein Gruppenmitglied dazu auffordert, es solle ganz willkürlich, gleichsam dem Zufall gehorchend, zweihundert Mal eine der Zahlen Null oder Eins nennen, und diese werden nach seinem Diktat notiert. Ohne zu wissen, von welcher der beiden Gruppen sie stammen, erhält Professor Schachermayer die beiden Listen von jeweils zweihundert Nullen oder Einsen ausgehändigt. Fast immer gelingt es ihm herauszufinden, von welcher der Gruppen welches Protokoll stammt. Warum?

Zur Illustration schreibe ich im Folgenden eine Tabelle von 200 Nullen oder Einsen an, die ich tatsächlich wie in der ersten Gruppe aus dem Werfen einer Münze erhielt:

```
0 0 0 0 1 0 1 1 0 1 1 0 1 1 1 0 0 0 0 1 1 0 0 0 1 0 1 1 1 1 1 0
1 0 1 0 0 0 1 0 1 1 1 1 0 1 0 0 1 1 0 0 0 0 0 1 0 0 0 0 1 0 0 1 0 0
0 0 1 0 0 0 1 0 1 0 1 0 0 0 0 1 1 1 0 1 0 1 1 1 0 0 1 1 1 1 0 0 0 1
1 0 0 0 0 1 0 0 0 1 1 1 0 1 1 0 1 0 1 1 1 1 0 1 0 1 0 1 0 1 1 0 1 0
0 0 0 0 1 1 1 0 1 0 0 1 0 1 1 0 0 0 1 0 0 0 1 1 1 0 0 0 0 0 0 1 1 1
1 1 0 1 1 0 0 1 0 1 1 1 1 1 1 1 1 0 0 0 1 0 0 1 0 1 0 0 1 0 1 0
```

Wenn man nachzählt, wird man 105 Nullen und 95 Einsen registrieren. Das ist kaum verwunderlich und darauf kommt es Walter Schachermayer gar nicht an. Was viel bemerkenswerter ist, liest man in der letzten Zeile: In ihr kommt eine ununterbrochene Serie von acht Einsen vor! Nun stellen Sie sich den Dialog in der zweiten Gruppe vor: Jenes Gruppenmitglied, welches gewählt wurde, willkürlich die Ziffern Null oder Eins zu diktieren, sagt im Laufe seiner Ansage: „… null, eins, eins, null, null, eins, null, eins, eins, eins, eins, eins" – einige in der Gruppe werden schon unruhig – „eins" – „Du kannst doch nicht lauter Einser diktieren!" wirft ein anderes Mitglied der Gruppe ein. Wollte der Ansager noch einmal „eins" diktieren, der Aufstand der anderen wäre ihm sicher. „Das kann doch nicht den Zufall nachahmen", protestieren sie, „siebenmal hintereinander wird die Münze doch nie auf die gleiche Seite fallen!"

Man glaubt es kaum, aber es stimmt: Bei zweihundert Würfen ist es ziemlich sicher, dass eine der beiden Zahlen Null oder Eins in einer Serie mindestens siebenmal hintereinander aufscheint. Bei meinem Experiment gab es sogar eine ununterbrochene Achterserie. Denn auch nach sieben hintereinanderfolgenden Ergebnissen „Zahl" steht es auch beim nächsten Münzwurf fifty zu fifty, dass wieder „Zahl" geworfen wird.

Der Zufall ist es, der den Spielbanken auf lange Sicht den Gewinn sichert. Denn die Spielbank legt, wenn jemand hundert Euro auf eine Nummer setzt und gewinnt, zu den hundert Euro noch 3500 Euro dazu. Der Spieler erhält folglich den 36-fachen Einsatz.

Da es aber 37 gleich wahrscheinliche Nummern gibt, wäre die Rückgabe des 37-fachen Einsatzes fair. In diesem Fall würden auf lange Sicht sowohl die Spielbank als auch der Spieler weder gewinnen noch verlieren. Doch die Spielbank, die im Unterschied zu manchen durch Schaden klug gewordenen Spielern auf lange Sicht ihr Geschäft betreibt, hat begründetes und allgemein akzeptiertes Interesse am Gewinn: Sie muss ihre Angestellten bezahlen, für sich werben, Miete und Aufwendungen begleichen und ein Rest soll noch als Reingewinn übrig bleiben. Dies erreicht sie elegant mit der nur um weniger als drei Prozent geringeren Gewinnausschüttung im Falle, dass ein Spieler richtig setzt.

Nichts bestätigt die Gültigkeit des Gesetzes der großen Zahl eindrucksvoller als das florierende Glücksspielgeschäft. Es ist das sicherste Geschäft der Welt – wenn man sich auf der Seite des Casinos befindet. Es ist mit mathematischer Gewissheit sicher, weil das Casino den Zufall so zuverlässig konstruiert, dass es sich auf die Formeln der Wahrscheinlichkeitsrechnung verlassen kann.

Wie schwer wir Menschen mit dem Zufall zurechtkommen, erlebt man nicht nur im Casino, wo es einem teuer zu stehen kommen kann, sondern auch bei einem ganz und gar harmlosen Spiel: „Schere-Stein-Papier". Ein frugales Spiel, das nur zwei Spieler und sonst keinerlei Hilfsmittel benötigt: „Schere", die Hand mit dem gespreizten Zeige- und Mittelfingerpaar, „schneidet Papier", die offen dargebotene Hand. „Papier wickelt Stein", die zur Faust geballte Hand. Und „Stein schleift Schere". Auf den Zuruf „eins-zwei-drei" zeigen beide Spieler gleichzeitig eine der drei genannten Möglichkeiten, und nur wenn sie sich zufällig für das gleiche Instrument entscheiden sollten, geht die Runde unentschieden aus. Sonst siegt „Papier" gegen „Stein", oder es siegt „Stein" gegen „Schere", oder es siegt „Schere" gegen „Papier".

Gibt es, so stellt sich die Frage, bei diesem so simplen Spiel eine sinnvolle Strategie? Die Antwort lautet: Ja, es gibt sie. Aber wie sieht diese aus?

Stellen wir uns vor, jemand entwickelt irgendeine mehr oder weniger raffinierte Strategie, die sich in ein paar Sätzen beschreiben

121

lässt. Zum Beispiel immer in der Reihenfolge „Schere", „Stein", „Papier" zu spielen – ein beschämend einfaches Verfahren. Oder etwas komplizierter: zuerst mit „Schere", „Stein", „Papier" zu beginnen, danach mit zweimal „Schere", zweimal „Stein", zweimal „Papier" fortzufahren, danach mit dreimal „Schere", dreimal „Stein", dreimal „Papier" fortzusetzen und so weiter. Oder noch gefinkelter, aber eben als „Rezept" beschreibbar. Wenn es bei diesem Spiel, das normalerweise ein höchst harmloses Kindervergnügen darstellt, um viel Geld ginge und das Spiel viele Runden lang durchgeführt würde, führte das Befolgen eines derartigen Rezepts, wie kompliziert es auch sei, auf lange Sicht sicher zum Ruin. Denn der Gegner würde sich alle ihm entgegengestreckten Handzeichen im Geheimen notieren und auch bei komplizierten Strategien aus dem Muster auf das Rezept rückschließen können. Menschliche Gegner haben es bei komplizierten Rezepten sicher nicht leicht – obwohl: Man darf das enorme Gedächtnis und die fantastische Kombinationsgabe mancher leidenschaftlicher Spieler nicht unterschätzen – doch darauf programmierte Computer würden sogar bei sehr komplizierten Strategien im langen Verlauf von vielen Tausend Spielrunden den Rezepten auf die Schliche kommen.

Dies scheint im Widerspruch zur obigen Aussage zu stehen, dass es bei „Schere-Stein-Papier" doch eine sinnvolle Strategie gibt. Aber der Widerspruch ist nur scheinbar. Denn die sinnvolle Strategie bei diesem Spiel lautet, *ohne* vorgefertigtes Rezept zu spielen, einfach so, wie der Zufall es will. Am besten wirft man mit der zweiten Hand einen Würfel – natürlich im Geheimen, der Gegner darf das Ergebnis der Würfe nicht sehen – und bietet bei den geworfenen Augenzahlen Eins oder Zwei „Schere", bei Drei oder Vier „Papier" und bei Fünf oder Sechs „Stein" an. Aber sich mental darauf einzustellen: jetzt möchte ich „Schere", „Stein" oder „Papier" so anbieten, wie es der Zufall will, ist fast unmöglich. All unser Denken sträubt sich dagegen.

Warum ist die Zufalls-Strategie sinnvoll? Weil dem Gegner keine Möglichkeit geboten wird, aus den bereits erfolgten Zügen irgendeine Prognose für die Zukunft zu erraten. Denn es gibt diese Prognose nicht. Und so darf man bei genügend langer Spieldauer einen Ausgleich von Gewinn und Niederlage erwarten. Das ist nicht viel, aber wenigstens mehr als beim Roulette, das auf lange Sicht mit Garantie zum Ruin führt.

Die Zufalls-Strategie ist nicht nur beim kindischen „Schere-Stein-Papier" sinnvoll, sondern auch in einer Vielzahl anderer „Spiele", wobei sogar das Einsetzen des Geldes an der Börse aus der Sicht der Mathematik wie ein „Spiel" betrachtet werden kann. Ein anderes Beispiel dafür ist das Lotto. Im Unterschied zum Roulette kann man beim Lotto mit sehr wenig Geld als Einsatz sehr reich werden, aber – und auch dies im Unterschied zum Roulette – das Glück, zu gewinnen, ist entsetzlich seltener. Wie dem auch sei: Wenn man im Lotto setzt, so soll man die beiden folgenden Gebote unbedingt beachten:

Erstens: Setzen Sie nur wenig Geld! Betrachten Sie alles Geld, das Sie im Lotto setzen, als von vornherein verloren, gleichsam ein Geschenk an Ihren Finanzminister. Die Chance, wirklich einen erklecklichen Treffer zu landen, ist außerordentlich klein, praktisch null. Aber doch noch einen Hauch größer als null. Nur derjenige, der nie Lotto spielt, darf sich wirklich nicht wundern, dass er nie gewinnt.

Zweitens: Setzen Sie Zufallszahlen! Unglaublich viele Menschen setzen sogenannte Glückszahlen – und viele haben die gleichen Glückszahlen – oder Zahlen, die mit Geburtstagen zusammenhängen – auch hier gibt es viele, welche die gleichen Zahlen setzen –, oder Zahlen, die beim Kreuzen auf dem Lottoschein ein geometrisches Muster ergeben – und viele lieben dieselben Muster –, oder Zahlen, die vor einer Woche, einem Monat oder einem Jahr gezogen wurden – auch hier gibt es eine Reihe von Leuten, die das Gleiche tun. All dies führt zu folgender Enttäuschung: Wenn man gewinnt – noch einmal sei betont: die Wahrscheinlichkeit dafür ist lächerlich klein –, dann gewinnt man nur wenig, weil man den Gewinn mit einigen anderen teilen muss.

Aber wenn man Zahlen setzt, die wie zufällig erkoren wurden, besteht wenigstens die Hoffnung, im höchst unwahrscheinlichen Fall eines Gewinnes *sehr viel* zu gewinnen, weil kaum jemand anderer die gleichen Zufallszahlen erraten wird.

Lottogesellschaften bieten an, mit Zufallsgeneratoren die gar nicht einfache Arbeit zu übernehmen, Zufallszahlen zu benennen. Aber mir persönlich ist dieses Angebot unsympathisch: Denn dadurch wird mir die einzige Freude am Lotto aus der Hand gerissen. Die Freude, selbst aus eigenem Antrieb das Glück herauszufordern, mit den von mir gemalten Kreuzen die Illusion vorzugaukeln, mich mit einer verschwindend kleinen Wahrscheinlichkeit zu Dagobert Ducks Konkurrenten erhoben zu haben.

Räume von Wahrscheinlichkeiten

Kehren wir ein letztes Mal zu Chevalier de Méré und seinen Glücksspielen zurück. Die Anekdote, so wie sie hier erzählt wird, ist ein wenig vereinfacht, aber sie trifft im Prinzip sehr gut ein Problem, das dem Chevalier zu schaffen machte und mit dem er, wie schon früher bei den force-majeure-Aufgaben, Pascal belästigte.

Nach einer langen Nacht mit unzähligen Würfelspielen, wobei jeweils zwei Würfel geworfen wurden, stellte Chevalier de Méré erstaunt fest, dass die Häufigkeit, mit der die beiden Würfel nach dem Wurf die Summe Sieben zeigten, zwar nur leicht, aber doch signifikant größer war als die Häufigkeit, mit der die beiden Würfel nach dem Wurf die Summe Acht zeigten. De Méré war verblüfft. Denn die Augensumme Sieben entsteht bei drei möglichen Kombinationen: wenn der eine Würfel sechs und der andere Würfel eins zeigt, wenn der eine Würfel fünf und der andere Würfel zwei zeigt, wenn der eine Würfel vier und der andere Würfel drei zeigt. Ebenso entsteht die Augensumme Acht bei drei möglichen Kombinationen: wenn der eine Würfel sechs und der andere Würfel zwei zeigt, wenn der eine Würfel fünf und der andere Würfel drei zeigt, wenn beide Würfel vier zeigen. Somit schien nach des Chevaliers Meinung aus Gründen der Wahrscheinlichkeit keine Bevorzugung der Summe Sieben vor der Summe Acht vorzuliegen. Woher aber kommt sie?

Blaise Pascal klärte den Chevalier de Méré auf. Hätte Pascal die moderne Sprache der Wahrscheinlichkeitsrechnung gekannt, die der russische Mathematiker Andrej Kolmogorow erfunden hat, hätte seine Antwort vielleicht so gelautet:

„Monsieur de Méré, Sie haben sehr stichhaltig argumentiert, aber Sie haben sich mit Ihrer Ansicht auf den falschen Wahrscheinlichkeitsraum bezogen. Sehen Sie, Kolmogorow hat uns gelehrt, dass wir Wahrscheinlichkeiten geometrisch veranschaulichen können: Wir zeichnen ein Raster mit so vielen gleich großen Quadraten, wie es gleich wahrscheinliche Einzelereignisse gibt. Beim Münzwurf besteht das Raster aus nur zwei Quadraten, weil die Münze ja entweder Kopf oder aber Zahl zeigt. Beim Würfeln mit nur einem Würfel besteht das Raster aus sechs Quadraten, in denen die sechs möglichen Augenzahlen des Würfels

Andrej Nikolajewitsch Kolmogorow (1903–1987)

eingetragen sind. Und auf dem Tapis des Roulettetisches ist das Raster mit den möglichen 37 Nummern von zero bis 36 vor aller Spieler Augen eingetragen.

Stellen Sie sich vor, die Quadrate, welche die für Sie günstigen Einzelereignisse darstellen, sind grau unterlegt. Dann ist es ganz einfach festzustellen, welche Wahrscheinlichkeit das für Sie günstige Ereignis besitzt: Es ist der Flächeninhalt der grau unterlegten Quadrate dividiert durch den Flächeninhalt aller Quadrate des Rasters.

Gehe ich von der von Ihnen vorgeschlagenen Argumentation beim gleichzeitigen Werfen von zwei Würfeln aus, so sieht Ihr Wahrscheinlichkeitsraum schematisch wie ein dreieckiges Quadratraster aus: Es beginnt in der ersten Zeile mit den sechs Quadraten, in denen die möglichen Kombinationen (1,1), (1,2) und so weiter bis (1,6) eingetragen sind, hat in der zweiten Zeile nur mehr fünf Quadrate, in denen die möglichen Kombinationen (2,2), (2,3) und so weiter bis (2,6) eingetragen sind. Dies setzt sich so fort; in der vorletzten, fünften Zeile sind nur mehr die beiden Quadrate mit den Kombinationen (5,5) und (5,6) vorhanden und in der letzten, sechsten Zeile gar nur mehr das eine Quadrat mit der Kombination (6,6).

Wahrscheinlichkeitsraum für das Werfen mit zwei identischen Würfeln nach der Idee des Chevalier de Méré

126

Im Falle dieses Wahrscheinlichkeitsraumes haben Sie ganz recht: Für die Augensumme Sieben sind die drei Kombinationen (1,6), (2,5), (3,4) günstig; für die Augensumme Acht hingegen die drei Kombinationen (2,6), (3,5), (4,4). Beide Ereignisse haben den gleichen Flächeninhalt, nämlich drei Quadratzentimeter, wenn man davon ausgeht, dass jedes Quadrat im Raster einen Quadratzentimeter groß ist. Der gesamte Raster, bestehend aus 6 + 5 + 4 + 3 + 2 + 1 = 21 Quadraten, umfasst eine Fläche von 21 Quadratzentimetern. Daher wäre die Wahrscheinlichkeit für das Fallen der Augensumme Sieben wie auch die Wahrscheinlichkeit für das Fallen der Augensumme Acht 3 : 21 = 1 : 7, also etwa 14,3 %.

Aber ich meine, dass im Spiel mit den beiden Würfeln ein anderer Wahrscheinlichkeitsraum besser die Wirklichkeit wiedergibt. Denn wenn ich mir vorstelle, dass Sie mit einem weißen und einem schwarzen Würfel geworfen haben, dann kann ich nach dem Wurf immer noch unterscheiden, welcher der beiden Würfel welche Augenzahl zeigt. Ich habe daher zwischen den Ereignissen (1,6) und (6,1), ausführlich gesprochen: zwischen dem Ereignis, dass der weiße Würfel eins und der schwarze Würfel sechs zeigt, und dem Ereignis, dass der weiße Würfel sechs und der schwarze Würfel eins zeigt, zu unterscheiden.

Wahrscheinlichkeitsraum für das Werfen mit zwei verschiedenen Würfeln nach der Idee von Blaise Pascal

Darum sieht mein Vorschlag eines Wahrscheinlichkeitsraumes beim gleichzeitigen Werfen von zwei Würfeln so aus: Er ist ein Quadratraster, bestehend aus sechs mal sechs ein Quadratzentimeter großen Quadraten. In der ersten Zeile sind die Kombinationen (1,1), (1,2) und so weiter bis (1,6) eingetragen, in der zweiten Zeile die Kombinationen (2,1), (2,2) und so weiter bis (2,6), und dies setzt sich so fort bis zur letzten Zeile, in der die Kombinationen (1,6), (2,6) und so weiter bis (6,6) eingetragen sind.

Jetzt zählen wir die günstigen Einzelereignisse für die Augensumme Sieben: Es sind die Kombinationen (6,1), (2,5), (3,4), (4,3), (5,2), (6,1), insgesamt sechs Stück. Dann zählen wir die günstigen Einzelereignisse für die Augensumme Acht: Es sind die Kombinationen (6,2), (5,3), (4,4), (3,5), (2,6), nur fünf Stück. Dies ist der Grund, weshalb die Augensumme Acht ein wenig seltener geworfen wurde als die Augensumme Sieben. Für die Augensumme Sieben besteht die Wahrscheinlichkeit von 6 : 36 = 1 : 6, also etwa 16,7 %, für die Augensumme Acht hingegen nur die Wahrscheinlichkeit von 5 : 36, also etwa 13,9 %."

Um der Wahrheit die Ehre zu geben: Chevalier de Méré war sehr klug. Hätte er nur mit zwei Würfeln geworfen und die leichte Bevorzugung der Augensumme Sieben vor der Augensumme Acht festgestellt, er wäre selbst auf die Einsicht gestoßen, dass das Ereignis, beide Würfel zeigen vier, nur halb so wahrscheinlich ist wie das Ereignis, dass einer der Würfel drei und der andere vier zeigt. Wenn man der überlieferten Anekdote glauben darf, hatte der Chevalier jedoch mit drei Würfeln geworfen und ein ähnliches Phänomen bei den Augensummen Elf und Zwölf festgestellt. Auch hier ist das erste Ereignis gegenüber dem zweiten leicht begünstigt, obwohl der Chevalier beide als gleich wahrscheinlich erachtete. Wer Geduld und Interesse aufbringt, kann mühelos alle Dreierkombinationen mit Augensumme Elf und mit Augensumme Zwölf auflisten und mit eigenen Augen erkennen, welchem Trugschluss de Méré erlegen ist.

Doch damit ist die Geschichte noch nicht ganz zu Ende. So einfältig, wie Chevalier de Méré auf den ersten Blick zu sein scheint, dürfen wir ihn uns nicht denken. Denn er könnte Pascal mit Recht entgegnen: „Monsieur Pascal, ich habe gar nicht mit einem weißen und einem schwarzen Würfel geworfen, ich habe mit zwei roten Würfeln geworfen, bei denen ich nicht unterscheiden konnte, welcher von ihnen nach dem Wurf die Augenzahl Drei und die Augenzahl Vier zeigt. Warum muss ich trotzdem zwischen den Kombinationen (3,4) und (4,3) unterscheiden?" Hierauf kann Pascal eigentlich nur die Antwort geben: „Weil Ihre Erfahrung der Bevorzugung der Augensumme Sieben vor der Augensumme Acht lehrt, dass es sich bei den beiden Würfeln immer um zwei voneinander verschiedene Individuen handelt, auch wenn sie einander gleichen wie eineiige Zwillinge."

Der Clou der Geschichte aber ist: Je mehr man sich in den Bereich des Mikrokosmos bewegt, umso weniger behalten zwei gleichartige Objekte ihre Individualität. Die moderne Quantentheorie lehrt, dass man zum Beispiel bei zwei Lichtteilchen, sogenannten Photonen, die man zu zwei verschiedenen Augenblicken registriert, nie wird feststellen können, ob sie ihre Plätze getauscht haben oder nicht. Sie sind prinzipiell ununterscheidbar. Wenn es so etwas wie „Photonenwürfel" gäbe, dann hätte der Chevalier de Méré mit der Wahl seines Wahrscheinlichkeitsraumes recht. Er könnte sich auch experimentell davon überzeugen: Würde er sehr oft zwei „Photonenwürfel" werfen, ergäbe sich für die Augensumme Sieben und für die Augensumme Acht die gleiche Häufigkeit von 14,3 %.

Zwar gibt es keine „Photonenwürfel". Doch anhand anderer, sehr ausgeklügelter Experimente, die im Prinzip auf dem erläuterten Gedanken der verschiedenen Wahrscheinlichkeitsräume beruhen, wiesen Anton Zeilinger und viele andere raffinierte Experimentalphysiker nach: Die Quantentheorie, welche unter anderem besagt, dass einzelne Photonen keinerlei Individualität besitzen – nicht einmal der „Laplace'sche Dämon" könnte sie voneinander unterscheiden –, stimmt. Bereits Niels Bohr, einer der Begründer der Quantentheorie, hat dies schon immer behauptet. Einstein war ganz und gar gegen Bohrs Auffassung: Zumindest Gott, so meinte er, müsste es doch möglich sein, die einzelnen Photonen in ihrer Bahn im Universum zu verfolgen. Doch hier irrte Einstein.

Was ist das: Zufall?

Landläufig meint jeder zu wissen, worum es sich bei einem Zufall handelt: Etwas ereignet sich, und man weiß nicht warum. Warum gerade so und nicht anders? Keine Ursache ist auszumachen. Gerne verhüllt man seine Ignoranz mit der beiläufigen Bemerkung, es war hier wohl Zufall mit im Spiel.

Doch man sollte sich mit dieser naiven Erklärung nicht zufriedengeben. Denn wenn es sich um wichtige Ereignisse handelt, dann klingt es wie Hilflosigkeit, oft sogar wie purer Zynismus, würde man sich auf den Zufall ausreden. Fällt ein Freund einer lebensbedrohenden Krankheit zum Opfer und man erklärt, es sei bloß Zufall, dass die Krankheit gerade ihn ereilte, so ist das kein Trost, eher ein Anlass für den Erkrankten, wegen dieser Herzlosigkeit die Freundschaft zu kündigen. Kaum jemand wird es wagen, bei einer Beerdigung die Hinterbliebenen mit den Worten zu trösten, es sei Zufall, dass sie hier einander treffen. Nein, man will bei wirklich einschneidenden Ereignissen wissen, warum sie geschahen, man will sich mit dem Wort vom blinden Zufall nicht abfinden.

Früher dienten die Schicksalsgöttinnen, geheime numinose Mächte, zu denen man beten und flehen konnte, als Adresse eines Trosts in der Not. Heute leben wir in einem aufgeklärten, in einem kalt agnostischen Zeitalter, in dem sich die Nebel am Götterolymp gelichtet haben und man ernüchtert feststellt, dass sich dort oben nichts als blanke Steine befinden. Die Nornen haben ihre Fäden verloren. Hiob konnte mit seinem Gott noch hadern, doch heute sind die Gebete großteils betretenem Schweigen gewichen. Aber noch immer wollen tragische Ereignisse irgendwie aufgewogen, irgendwie abgetragen, irgendwie vergolten werden. Und da eine

Gesellschaft, die mit Frömmigkeit nichts mehr anzufangen weiß, Klagen gegen blinde Schicksalsmächte, Götter oder Gott als sinnlos erachtet, wird irdisch geklagt. Mit Rechtsanwälten, vor Gerichten, gegen vermeintliche Verursacher des tragischen Geschehens. Und wenn sich diese nicht ausmachen lassen, wenn scheinbar wirklich alles nur Zufall war, dann wenigstens gegen Versicherungen, die irgendwie mit Geld die Tragik eines Ereignisses aufwiegen sollen. Wobei die eingeforderten Summen aberwitzig sind – unvorstellbar viel Geld gegen unverstandenes Geschehen.

Also sollte man von Zufall nur dann sprechen, wenn es sich um beiläufige, unwesentliche Ereignisse handelt. Ob ein Würfel auf Sechs fällt oder nicht, ist ja wirklich nicht weltbewegend. Aber auch diese Einschränkung hilft eigentlich nicht, Zufall zu verstehen. Denn wie unterscheidet man beiläufige von wesentlichen Ereignissen? Das ist eine Frage der richtigen Perspektive. Dem am Roulettetisch unbeteiligten Croupier ist das Fallen der Kugel gleichgültig, dem verrückten Spieler, der ein Vermögen auf eine Farbe setzt, nicht. Lebensversicherungen betrachten Todesfälle emotionslos, für die Angehörigen hingegen gibt es kaum etwas, das sie ihren Schmerz vergessen lässt. Als die Jünger Jesu nach der Himmelfahrt ihres Herrn wieder einen Zwölften in ihre Gemeinschaft aufnehmen wollten, warfen sie das Los, welches entscheiden sollte, welcher der beiden Bewerber in den Kreis der Apostel aufgenommen werde. Für einen unbeteiligten Beobachter eine pure Zufallswahl, für die gläubigen Elf und die beiden Bewerber jedoch ein Gottesurteil, denn „der Mensch wirft das Los, aber es fällt, wie Gott will", so heißt es in den Sprüchen Salomons.

So kommen wir zu dem Schluss, dass von Zufall eigentlich nur dann gesprochen werden darf, wenn man Ereignisse aus dem Blickpunkt der Wahrscheinlichkeitsrechnung betrachtet. Der große Erkenntnistheoretiker Immanuel Kant hätte es knapp so formuliert: *Zufall ist die Bedingung der Möglichkeit von Wahrscheinlichkeitsrechnung.* Dies bedeutet: Die Mathematik liefert mit der Wahrscheinlichkeitsrechnung ein mächtiges Instrument, um Ereignisse, die sich unter gleichen Umständen sehr oft wiederholen, analysieren zu können. Aber um sicher zu gehen, dass die Methode der Wahrscheinlichkeitsrechnung zielführend eingesetzt wird, muss man *voraussetzen*, dass das Eintreffen der Ereignisse von nichts anderem gesteuert wird als vom blinden Zufall.

Pointiert formuliert: Zufall „draußen in der Welt" gibt es nicht. Zufall ist eine Erfindung des menschlichen Geistes. Ohne ihn wäre Wahrscheinlichkeitsrechnung, mit der sich so viel in der Natur berechnen lässt, undenkbar.

„Warum dauert mein Dasein nur annähernd hundert und nicht vielmehr tausend Jahre? Welchen Grund hat die Natur gehabt, mir ein solches Leben zu geben und diesen Lebenskreis eher als einen anderen in der Unendlichkeit auszuwählen, wo es doch für die Wahl des einen oder des anderen keinen zwingenden Grund gegeben hat, da keiner von beiden größere Anziehungskraft besaß?" fragt Blaise Pascal. Wer ihm antworten wollte, dies sei eben Zufall, dem kann Pascal mit Recht vehement erwidern: „Aber es handelt sich nicht um irgendein beiläufiges, sondern um mein einziges und einmaliges Leben!"

In der Tat. Es ist nicht Zufall, es ist Schicksal, dass wir gerade *so* leben und sterben werden, *wie* wir leben und sterben werden. Für Gläubige ein Schicksal in Gottes Hand, für Zweifler zumindest die Erfahrung des Einmaligen, existentiell Einzigartigen, das nichts mit dem Zufall zu schaffen hat.

Zufall ist eine Erfindung, aber Schicksal ist es sicher nicht.

Die Erfindung der Zeit

Stop all the clocks, cut off the telephone,
Prevent the dog from barking with a juicy bone,
Silence the pianos and with muffled drum
Bring out the coffin, let the mourners come.
(Stoppt jede Uhr, lasst ab vom Telefon,
Verjagt den Hund, der bellend Knochen frisst, die roh'n.
Lasst schweigen die Pianos und die Trommeln schlagt,
Bringt vor den Sarg, ihr Klagenden klagt.)

Wystan Hugh Auden
(Übersetzung aus „Vier Hochzeiten und ein Todesfall")

Anhalten aller Uhren

Die Zeit steht still.

Wer kennt nicht diese Momente, an denen alles plötzlich wie in Zeitlupe zu vergehen scheint, der Film des Lebens gleichsam reißt und alles wie in einem Standbild verharrt?

Vor allem im Augenblick des Sterbens erkannten die Einfühlsamsten unter den Deutern des menschlichen Daseins einen Moment, an dem für das dahinscheidende Menschenkind die Zeit – wie man sagt – stillsteht.

1970 drehte Claude Sautet den wunderbaren Film „Les choses de la vie", „Die Dinge des Lebens", mit Michel Piccoli und Romy Schneider in den Hauptrollen. Der Film beginnt mit einer schrecklichen Unfallszene: Pierre, den Michel Piccoli spielt, sieht in seinem Auto vor sich ein Hindernis, bremst, verliert die Kontrolle über den Wagen, schleudert gegen einen entgegenkommenden Lastwagen und dann gegen einen Baum. Regungslos liegt er in der Wiese, während das Autowrack in Flammen aufgeht. Man sieht den schleudernden und sich überschlagenden Wagen noch weitere dreimal in Zeitlupe, bis das Unglück – nun als Bestandteil der Handlung – noch einmal detailliert gezeigt wird. Sautet setzt den Film mit dem eigentlichen Ende an und lässt ihn danach in Teilen rückwärts laufen. Während Pierre am Rand der Straße im Koma liegt, zieht sein Leben an seinen Augen vorbei, insbesondere die Liebesbeziehungen zu seiner Ehefrau Catherine und seiner Geliebten Hélène, zwischen denen er sich nicht entscheiden konnte. Jetzt, da er weiß, wohin er gehört, ist es zu spät. An einem banalen, falschen Moment war seine Zeit aufgehoben.

Unübertroffen detailversessen, wenn auch völlig unsentimental, kühl und reportagehaft beschreibt John le Carré das gleiche Im-Augenblick-Verharren in den letzten Sekunden des irdischen Daseins in seinen frühen Spionageromanen:

Im „Krieg im Spiegel" lesen wir: „Das Auto erfasste ihn von hinten; es brach ihm das Rückgrat. Einen fürchterlichen Augenblick lang verkörperte Taylor den klassischen Ausdruck des Schmerzes: Kopf und Schultern gewaltsam nach hinten geworfen, die Finger gespreizt. Er schrie nicht. Es hatte den Anschein, als konzentrierten sich Körper und Seele auf diese letzte Darstellung des Schmerzes, die im Tod ausdrucksvoller war als irgendein Laut, den er im Leben je von sich gegeben hatte."

Oder der Selbstmord von Magnus Pym im Roman „Ein blendender Spion" wird so geschildert: „Dann hielt er die Waffe dorthin, wo sein rechtes Ohr war, und plötzlich wusste er nicht mehr – was unter diesen Umständen wohl jedem passiert wäre –, ob eine Browning 38 Automatic vor dem Abzug einen Druckpunkt hat. Und er sah, wie er den Kopf schräg hielt: Nicht von der Waffe weg, sondern in die Mündung geneigt, wie jemand, der ein bisschen taub ist und etwas hören möchte."

Besonders einfühlsam, wenn auch nur in einem einzigen Satz, dem letzten Satz des Buches, wird im „Spion, der aus der Kälte kam" der Tod des Helden Leamas im Kugelhagel an der Berliner Mauer erzählt: Wie er in diesem letzten Moment einen scheinbar banalen, für ihn prägenden Augenblick seines Lebens in sich wachruft: „Während er stürzte, sah Leamas zwischen großen Lastwagen ein kleines zerquetschtes Auto, aus dem ihm Kinder fröhlich durch die Scheibe zuwinkten."

Ins Theater und ins Kino eilen wir, um aus dem Lauf der Zeit heraustreten zu können. Wir verstehen sofort, wenn Julia und Romeo am Ende ihrer Liebesnacht nicht wissen, ob es die Nachtigall oder die Lerche war, die eben jetzt ihr banges Ohr durchdrang. Genauso wie die beiden aus Zeit entrückt sind, ist es das ihren Worten begeistert lauschende Publikum. Selbst wenn er schon dutzendmal „Casablanca" gesehen hat, ein wahrer Bewunderer dieses knapp am Kitsch vorbeischrammenden Films kann es nicht erwarten, die rührendsten Szenen zu genießen: Wenn Paul Henreid als Victor Laszlo der Kapelle zuruft: „Spielen Sie die Marseillaise!" oder am Ende Humphrey Bogart als Rick die Worte „Uns bleibt immer noch Paris" aus seinem Mund herauspresst.

Hierin besteht die Kunst der Fotografie: den Moment festzuhalten, der so beeindruckt, dass die Zeit gerinnt. Das Gleiche gelang und gelingt den bildenden Künstlern in ihren Gemälden, Reliefs und Skulpturen. Die Betrachter verharren raum- und zeitverloren vor dem Kunstwerk, das sie aus dem gewohnten, von Uhr und Terminkalender diktierten Umfeld entführt.

Am eigenartigsten gelingt es der Musik, den scheinbar unerbittlichen Lauf der Zeit vergessen zu lassen. Eigenartig deshalb, weil die Musik wie keine andere Kunst vom Schlagen des Takts, der den gleichmäßigen Lauf der Zeit symbolisiert, abhängt. Und dennoch ist die Musik als solche der Zeitskala entrückt. Am besten kann dies anhand einer Erzählung meines Freundes Peter Weiser geschildert werden:

Der große Pianist Rudolf Serkin sollte im Wiener Konzerthaus auftreten und ein Klavierkonzert von Mozart spielen. Ein paar Tage vor dem geplanten Auftritt erfuhr die Direktion der Konzerthausgesellschaft, dass Serkin erkrankt ist und nicht nach Wien kommen könne. Die verzweifelten Veranstalter riefen in ihrer Not Friedrich Gulda in seinem Domizil am Attersee an, ob er bereit wäre, für Serkin einzuspringen. „Für den Serkin mach' i das", ließ sich Gulda vernehmen; Rudolf Serkin war einer der wenigen Pianisten, die Gulda wirklich schätzte. Als er ein paar Stunden später im Wiener Konzerthaus eintraf, wurde er sofort gefragt, wann er denn das Konzert proben wolle. „Brauch' i net", antwortete er schlaksig wie immer, „i hob' mir's schon im Auto zweimal im Kopf durchg'spielt."

In einem Kammerkonzert – gerade begann der zweite Satz von Schuberts Quartett „Der Tod und das Mädchen" – blickte der Sitznachbar neben mir auf seine Armbanduhr. Hätte er gehustet, ich hätte ihm verziehen. Aber in einem solchen zeitlosen Moment auf die Zeiger der Uhr zu blicken …

Ich war verstört.

Zeit und Bewusstsein

Einerseits fühlen wir uns der Zeit ausgeliefert, andererseits wissen wir gar nicht, was Zeit ist. Aurelius Augustinus, der in der Spätantike lebende Gelehrte, formulierte es pointiert: „Was also ist die Zeit? Wenn niemand mich danach fragt, weiß ich's, will ich's aber einem Fragenden erklären, weiß ich's nicht."

Trotzdem unternimmt Augustinus den Versuch, sehr tiefe Gedanken über das Wesen der Zeit zu erwägen. Die Definition Einsteins, Zeit sei das, was man mit einer Uhr messe, hätte ihm ganz und gar nicht gefallen. Schon lange vor Einstein hatten die Philosophen der platonischen Akademie die Zeit ganz im Sinne des großen Physikers an den rhythmischen Bewegungen der Gestirne festzumachen versucht. Aber Augustinus hält dagegen, dass damit keineswegs das Wesen der Zeit getroffen wird: Denn ein Körper bewegt sich nur *in* der Zeit, aber stellt diese selbst nicht dar. Die

Zeit ermöglicht zwar Bewegung, aber mit dieser Einsicht wird ihr Wesen nur umrissen, nicht erfasst.

Sodann trennt Augustinus in seinen Überlegungen die uns geläufigen drei Aspekte der Zeit: die Vergangenheit, die Zukunft und die Gegenwart. Wobei ihm alle drei Begriffe bei näherer Betrachtung höchst paradox scheinen:

Die Vergangenheit – damit meinen die Denker vor Augustinus all jenes, das wir prinzipiell überblicken und auf dessen Geschehen wir keinerlei Einfluss mehr ausüben können. Weil es *vorbei* ist. Aber, so argumentiert Augustinus, wenn es *vorbei* ist, dann ist es ja gar nicht mehr, es kann ihm folglich nicht zugestanden werden, vorhanden zu sein. Mit anderen Worten: Weil all das, was vergangen ist, nicht mehr ist, gibt es das Vergangene eigentlich gar nicht.

Die Zukunft – damit meinen die Denker vor Augustinus all jenes, von dem wir prinzipiell nicht wissen, wie es sich gestaltet und worauf wir Einfluss auszuüben versuchen können. Weil es *noch nicht da* ist. Aber, so argumentiert Augustinus, wenn es noch nicht da ist, dann liegt es ja gar nicht vor, es kann ihm folglich nicht zugestanden werden, vorhanden zu sein. Mit anderen Worten: Weil all das, was zukünftig ist, noch nicht ist, gibt es das Zukünftige eigentlich gar nicht.

Die Gegenwart – scheinbar die Schnittstelle zwischen Vergangenheit und Zukunft. Sie ist wie ein vorbeihuschendes Phantom: Kaum will man das Gegenwärtige festhalten, verschwindet es. Die Gegenwart ist wie ein punktförmiger Schnitt auf der Zeitachse, der ihr entlangwandert und nie zur Ruhe kommt. Mit anderen Worten: Weil all dem, was gegenwärtig ist, keine Dauer in dieser Welt zugesprochen werden kann, gibt es das Gegenwärtige eigentlich gar nicht.

Wie entkommt man der Paradoxie, dass es weder das Vergangene noch das Zukünftige und schon gar nicht das Gegenwärtige gebe? Augustinus sieht die Lösung darin, dass man sich nicht die Zeit als „irgendetwas da draußen in der Welt" vorstellen darf, sondern dass die Zeit gleichsam „in uns drinnen steckt". Es gibt keine Zeit ohne Bewusstsein. Den Aspekt des Bewusstseins, der uns den Begriff der Zeit überhaupt bilden lässt, nennt Augustinus *memoria*, was nur unbeholfen mit dem deutschen Wort „Erinnerung" oder „Gedächtnis" in Einklang gebracht werden kann.

In den Augen des Augustinus dürfen wir nur dann vom Vorhandensein irgendwelcher Dinge oder Ereignisse sprechen, wenn wir uns diese in der *memoria*, im Bewusstsein, *vergegenwärtigen*. Die Gegenwart ist somit nicht eine flüchtige Schnittstelle im scheinbar objektiven Zeitenlauf zwischen Vergangenheit und Zukunft, dünner als ein Hauch. Einen solchen objektiven Zeitenlauf unabhängig vom Bewusstsein gibt es Augustinus zufolge gar nicht. Die Gegenwart ist vielmehr zu sehen wie eine Bühne im Bewusstsein, auf der all das auftritt, dessen wir uns vergegenwärtigen. Dadurch wird Vergangenheit, die als objektiver Begriff paradox ist, verstehbar und real: Die Vergangenheit ist die Erinnerung in der Gegenwart. Genauso wird die Zukunft, die als objektiver Begriff paradox ist, ebenso verstehbar und real: Die Zukunft ist die Erwartung in der Gegenwart.

Es ist eine auf den ersten Blick sehr eigenwillige Auffassung, die Augustinus von der Zeit entwirft: Das Voranschreiten des Zeigers auf der Uhr erfolgt nur deshalb, weil unser Bewusstsein diesen Prozess wahrnimmt. Weshalb, so stellt sich sofort die Frage, vermeinen wir, dass sich dieser Zeiger gleichsam objektiv, unabhängig von unserer persönlichen Befindlichkeit, vorwärts bewegt? Warum gelingt es dem Bewusstsein, dem nach der Ansicht des Augustinus der Zeitenlauf unterworfen ist, kein Anhalten der Zeit, keine Rückkehr in die Vergangenheit, die uns so manche Fehler, die wir begangen haben, korrigieren ließe? Augustinus weiß darauf keine Antwort, er gesteht, dass ihm aller seiner Überlegungen zum Trotz die Zeit ein Geheimnis bleibt. Und doch dürfen wir vermuten, dass ihm wesentliche Einblicke in ihr Wesen gelungen sind.

Die verlorene Zeitskala

An dieser Stelle muss die höchst eigenartige Geschichte von Oliver Sacks über den Patienten Jimmie erzählt werden, der am sogenannten Korsakow-Syndrom litt. Ausführlich kann man sie in dem grandios geschriebenen Buch „Der Mann, der seine Frau mit einem Hut verwechselte" nachlesen:

Jimmie, ein auf den ersten Blick charmanter, intelligenter neunundvierzigjähriger Nordamerikaner, wurde 1975 in eine Anstalt eingewiesen; der Befund lautete: „Demenz – hilflos, verwirrt, desorientiert."

Oliver Sacks interessierte sich für diesen eigenartigen Patienten. In einem Gespräch in seinem Ordinationsraum erzählte ihm Jimmie von seiner Kindheit, vom Studium und seinem Dienst bei der Marine, wobei er zuvor in der Vergangenheitsform sprach, zum Schluss aber in die Gegenwartsform wechselte, so als ob sich sein Marinedienst gerade jetzt ereignete. Oliver Sacks fiel dies auf, und er fragte scheinbar gleichgültig, in welchem Jahr wir denn heute leben. „'45, natürlich. Wie meinen Sie das?" antwortete Jimmie und fuhr fort: „Wir haben den Krieg gewonnen, Roosevelt ist tot und Truman schmeißt den Laden. Vor uns liegen große Zeiten." Und als Oliver Sacks weiterfragte, wie alt er, Jimmie, denn sei, war dieser zunächst ein wenig unsicher und zögerte mit seiner Antwort, als müsse er erst nachrechnen: „Tja, ich schätze, ich bin neunzehn. Mein nächster Geburtstag ist mein zwanzigster."

Oliver Sacks sah verwundert den grauhaarigen Mann an, der vor ihm saß. Plötzlich griff er nach einem Spiegel und hielt diesen Jimmie vor sein Gesicht mit den Worten: „Hier, was sehen Sie da? Ist das ein Neunzehnjähriger?" Jimmie wurde bleich, seine Finger krallten sich in die Armlehnen des Sessels. „Gott im Himmel", flüsterte er, „was ist los? Was ist mit mir passiert? Ist das ein Albtraum? Bin ich verrückt?" Er geriet in Panik. „Es ist alles in Ordnung", beruhigte ihn Oliver Sacks, „es war nur ein Irrtum. Sie brauchen sich keine Sorgen zu machen. Sehen Sie doch", mit diesen Worten führte er ihn ans Fenster, „was für ein wunderschöner Frühlingstag! Und da unten spielen Kinder." In Jimmies Gesicht kehrte die Farbe zurück und er begann zu lächeln. Oliver Sacks schlich sich davon und nahm den unseligen Spiegel mit.

Ein paar Minuten später kehrte er zurück. Jimmie stand noch immer am Fenster und sah vergnügt den Kindern beim Spielen zu. Als Oliver Sacks die Türe öffnete, drehte er sich um und begrüßte den Arzt so, als ob er ihn noch nie gesehen hätte. All das, was vorher geschehen war, die für ihn schockierende Szene mit dem Spiegel mit eingeschlossen, war völlig aus seinem Gedächtnis getilgt. Er begann wieder seine Lebensgeschichte zu erzählen, ohne zu ahnen, dass er sie gerade vorher schon einmal zum Besten gegeben hatte, und wie vorher brach sie im Jahr 1945 ab. All das, was seither vergangen ist, gab es für Jimmie einfach nicht …

Die weiteren Untersuchungen zeigten, dass Jimmie zwar ein Kurzzeitgedächtnis besaß, das ihn Geschehnisse, die gerade noch ein, zwei Minuten zurücklagen, in seinem Bewusstsein festhalten ließ. Ereignisse, die sich vor mehr als drei, vier Minuten zutrugen, verschwanden aber aus seinem Erinnerungsvermögen ins absolute Nichts. Allein die Erinnerung an Kindheit und Jugend blieb ihm als einziger Ankerplatz seines Zeitempfindens erhalten.

Typischerweise konnte der intelligente Jimmie bei Spielen, die sich in kurzer Zeit erledigen lassen, wie zum Beispiel beim sehr simplen „Tic-Tac-Toe", brillieren. Bei komplexen, längere Zeit beanspruchenden Spielen wie Schach war er bald verwirrt und weigerte sich weiterzuspielen, weil er im Spielverlauf fast buchstäblich den Faden verlor. Kurze Rechnungen gelangen ihm mühelos. Bei Rechnungen, die mehr Zeit beanspruchen, verirrte er sich im Gestrüpp der Details und wusste schließlich nicht, was er eigentlich tat.

Oliver Sacks und sein Team versuchten, Jimmie zu helfen. Zuerst sollte er Tagebuch führen. Nachdem man es an sein Gewand angehängt hatte – ansonsten hätte Jimmie es andauernd verloren und nach wenigen Minuten nichts mit dem ihm fremden Buch anzufangen gewusst –, konnte man ihn dazu anhalten, sich jeden Tag

Notizen über seine Erfahrungen, Gefühle, Gedanken zu machen. Dies führte er zwar pflichtschuldigst durch, doch einerseits waren die Notizen von erschreckender Banalität – „zum Frühstück Eier", „Sport im Fernsehen" – und andererseits konnte er die Einträge nie mit sich in Verbindung bringen. Er erkannte zwar seine Schrift, war aber immer verwundert, dass er am Tag zuvor etwas geschrieben haben sollte. Er war ein Mensch, für den es kein Gestern gab.

Hören wir noch bei einem Gespräch zu, das Oliver Sacks mit Jimmie führte: „Wie fühlen Sie sich?" fragt ihn rundheraus der Arzt. „Wie ich mich fühle?" wiederholt Jimmie und kratzt sich am Kopf. „Ich kann nicht sagen, dass ich mich krank fühle, aber gut fühle ich mich auch nicht. Eigentlich fühle ich überhaupt nichts." „Geht es Ihnen schlecht?" fragt Sacks weiter. „Kann ich nicht behaupten." „Macht Ihnen das Leben Freude?" „Kann ich nicht behaupten."

„Ihnen macht das Leben keine Freude", murmelt Oliver Sacks und stellt daraufhin mit ein wenig Zögern die Frage: „Wie fühlt sich das Leben denn für Sie an?" „Ich kann nicht sagen, dass ich irgendetwas fühle." „Aber Sie fühlen sich doch lebendig?" „Lebendig? Eigentlich nicht. Ich habe mich schon sehr lange nicht mehr lebendig gefühlt."

Auf Jimmies Gesicht lag ein Ausdruck unendlicher Traurigkeit.

Die äußere und die innere Zeit

„Ich habe mich schon sehr lange nicht mehr lebendig gefühlt." Wie kann Jimmie dies behaupten, wenn er orientierungslos nur in der ein paar Minuten lang dauernden Gegenwart lebt? Woher weiß er, dass ihn sein Lebensgefühl „schon sehr lange" verlassen hat?

Oliver Sacks beschreibt Jimmie als einen „verlorenen See-mann". Seemann nicht nur deshalb, weil die letzte Erinnerung, die Jimmie mit sich trug, sein Dienst in der Marine war, sondern auch deshalb, weil er scheinbar wie ein Schiffbrüchiger im endlo-sen Meer der Zeit schwamm, ohne sich an irgendeinem Festland, an irgendeinem Leuchtturmlicht orientieren zu können, ankerlos dahindriftend.

Doch die „äußere Zeit", die uns mit den Uhren und den Kalendern so vertraut und Jimmie so völlig fremd geworden ist, die Zeit der linearen Zeitskala, mit deren Hilfe wir alle Ereignisse ihrer Abfolge nach zu ordnen versuchen, stellt eigentlich nur ein Vehikel dar, ein im Grunde kaum taugliches Modell zum Verständnis vom Wesen der Zeit.

Eine Gegenfigur zu Jimmie hat Jorge Luis Borges in der Geschichte „Das unerbittliche Gedächtnis" beschrieben: Ireneo Funes, ein junger Südamerikaner, war seit einem Reitunfall vollständig gelähmt, hatte aber durch den Sturz vom Pferd ein *absolutes* Gedächtnis erworben. Vor seinem Unfall hatte er neunzehn Jahre gelebt „wie einer, der träumt; er sah ohne wahrzunehmen, hörte ohne zu hören, vergaß alles, fast alles. Beim Sturz verlor er das Bewusstsein; als er wieder zu sich kam, war die Gegenwart fast unerträglich reich und klar, und ebenso seine frühesten und beiläufigsten Erinnerungen." Die Erinnerung des jungen Mannes übersteigt unser Erinnerungsvermögen in unvorstellbarem Ausmaß: „Wir nehmen mit einem Blick drei Gläser auf einem Tisch wahr; Funes alle Triebe, Trauben und Beeren, die zu einem Rebstock gehören. Er kannte genau die Formen der südlichen Wolken des Sonnenuntergangs vom 30. April 1882 und konnte sie in der Erinnerung mit der Maserung auf einem Pergamentband vergleichen, den er nur ein einziges Mal angeschaut hatte, und mit den Linien der Gischt, die ein Ruder auf dem Río Negro am Vorabend des Quebracho-Gefechtes aufgewühlt hatte. Diese Erinnerungen waren indessen nicht einfältig; jedes optische Bild war verbunden mit Muskel-, Wärmeempfindungen und so weiter. Er konnte alle Träume, alle Dämmerträume rekonstruieren. Zwei- oder dreimal hatte er einen ganzen Tag rekonstruiert; nie war er über etwas im Zweifel gewesen, aber jede Rekonstruktion hatte einen ganzen Tag beansprucht. Er sagte mir: ‚Ich allein habe mehr Erinnerungen, als alle Menschen zusammen je gehabt haben, solange die

Welt besteht.' Und weiter: ‚Meine Träume sind wie euer Wachen.' Und schließlich, gegen Morgengrauen: ‚Mein Gedächtnis, Herr, ist wie eine Abfalltonne.' Ein Kreis auf einer Schiefertafel, ein rechtwinkliges Dreieck, ein Rhombus sind Formen, die wir vollkommen wahrnehmen können; ebenso erging es Funes mit der zerzausten Mähne eines Pferdes, mit einer Viehherde auf einem Hügel, mit dem wandelbaren Feuer und der unzählbaren Asche, mit den vielen Gesichtern eines Verstorbenen während einer langen Totenwache. Ich weiß nicht, wie viel Sterne er am Himmel sah."

Doch Funes verliert mit seiner Fähigkeit alles, was dem normalen Verstand selbstverständlich scheint: Er ist nicht in der Lage zu verallgemeinern, die einfachsten Begriffe zu bilden: „Nicht nur machte es ihm Mühe zu verstehen, dass der Allgemeinbegriff Hund so viele Geschöpfe verschiedener Größe und verschiedener Gestalt umfasst; es störte ihn auch, dass der Hund von 3 Uhr 14 (im Profil gesehen) denselben Namen führen sollte wie der Hund von 3 Uhr 15 (gesehen von vorn)." Vor lauter konkreten Bäumen nimmt Funes den Allgemeinbegriff des Waldes nicht mehr wahr.

Die totale Erinnerung an die äußere Zeit zerstört die innere Zeit des bemitleidenswerten Funes: Er kann zwar für alle Geschehnisse seines Lebens die genaue Uhrzeit nennen, aber ist von der Fülle seiner Erinnerungen so überwältigt, dass er in seinem momentanen Zustand versagt. In seinem Bestreben, alle Einzelheiten seiner Kindheit aufzuzählen, auf das Genaueste und in der Beachtung des kleinsten Details, benötigt er weitaus mehr Zeit, als diese Kindheit gedauert hat. Und die Bedeutung all dieser Einzelheiten entgeht ihm völlig: Die Erinnerung an den Verlust eines Haares ist ihm gleich viel, oder besser: gleich wenig wert wie jene an den Verlust seiner ihn liebenden Großeltern.

Wird das Bewusstsein eines Menschen wie Funes auf die äußere Zeit gefesselt, verliert dieses arme Wesen offenkundig seine Seele. Das fiktive Geschöpf des Jorge Luis Borges ist bedauernswerter als der reale Jimmie des Oliver Sacks. Hatte Jimmie durch seine Krankheit seine Seele eingebüßt, fragte sich der Neurologe besorgt und stellte den Schwestern seiner Krankenstation eben diese Frage: „Glauben Sie, dass er wirklich eine Seele hat?" Die Schwestern reagierten empört: „Sehen Sie sich Jimmie beim Gottesdienst an und urteilen Sie selbst."

Oliver Sacks tat dies und war von dem, was er sah, tief bewegt und beeindruckt. Denn Jimmie „zeigte eine Intensität und Ausdauer in seiner Aufmerksamkeit und Konzentration, die ich an ihm noch nie zuvor beobachtet und die ich ihm auch nicht zugetraut hatte. Ich sah ihn niederknien und das Sakrament empfangen und hatte nicht den geringsten Zweifel, dass ihn die Kommunion in den tiefsten Tiefen seines Wesens berührte, dass sein Geist in vollkommenem Einklang war mit dem Geist der Messe."

Und Oliver Sacks fasst zusammen: „Es lag auf der Hand, dass Jimmie sich selbst, dass er Kontinuität und Realität in der Absolutheit spiritueller Hingabe wiederfand. Die Schwestern hatten recht gehabt: Hier, im Gottesdienst, fand er seine Seele." Und wir dürfen ergänzen: Er fand auch den Ankerplatz in seiner inneren Zeit.

Die Dauer

„Sie hätten ein Mathematiker sein können, jetzt werden Sie bloß ein Philosoph!" warf der Mathematiklehrer des Lycée Fontaine (das heute Lycée Condorcet heißt) seinem hochbegabten Studenten Henri-Louis Bergson vor. Dieser hatte 1877 mit achtzehn Jahren den ersten Preis für die Lösung eines auf Blaise Pascal zurückgehenden mathematischen Problems im höchst angesehenen Concours Général errungen. Bergsons preisgekrönter Beitrag wurde in einer wissenschaftlichen Zeitschrift veröffentlicht. Aber er entschloss sich dennoch, an der École Normale nicht Mathematik, sondern Geisteswissenschaften zu studieren.

Tatsächlich errang Henri Bergson als Philosoph zu Lebzeiten in Frankreich, England und den Vereinigten Staaten von Amerika höchste Anerkennung. Er prägte den Begriff des „élan vital", ein schwer ins Deutsche zu übersetzendes Wort, das eine Dynamik meint, die vom Menschen nicht rational, sondern nur intuitiv erkannt werden kann und die sich in allen Schöpfungsakten zeigt: den künstlerischen, den wissenschaftlichen, auch den evolutionären in der Natur. Die Evolutionstheorie Darwins ist Bergsons Ansicht nach keineswegs falsch, sie hat im naturwissenschaftlichen Rahmen, in dem sie sich bewegt, durchaus ihre Berechtigung. Sie ist eine mit einer Vielzahl von Experimenten belegte Theorie. Aber all das, was wir im Phänomen des Lebens wahrnehmen, kann sie unmöglich abdecken.

Eine ähnliche Ansicht vertrat Bergson auch gegenüber den Versuchen, Zeit und Raum in einem Atemzug zu nennen.

Der Begriff des Raumes ist mathematisch präzise fassbar. Raum ist nämlich das, was die Geometrie von ihm lehrt: Geometrie geht von sinnlichen visuellen Eindrücken aus, raubt ihnen jedoch Buntheit, Körperlichkeit, Vergänglichkeit, Verletzbarkeit, kurz: alle opaken und barocken Reize. Geometrie verkürzt die optische Wahrnehmung so lange, bis nur mehr einzelne Punkte und Linien übrig bleiben. Aus Geraden, Kreisen und deren Schnittpunkten versucht sie zu rekonstruieren, was der Verstand vom Sehen übrig lässt. Die fantasievolle Pinselführung des Malers erstarrt in ihr zur glasklaren Konstruktion des Ingenieurs mit Zirkel und Lineal. Der Vorteil ihrer Methode beruht, wie allgemein bekannt, auf einer bewundernswerten Exaktheit. Der Nachteil jedoch ist, dass es im geometrischen Raum nichts „Wirkliches" mehr gibt. Er bleibt abstrakt: ein Medium, das bloß Punkte, Geraden und Kreise zu tragen vermag.

Dass wir zum Beispiel unseren Anschauungsraum als „dreidimensional" erfahren, beruht allein darauf, dass es gelingt, durch einen Punkt drei Geraden so zu legen, dass jede zu den beiden anderen jeweils einen rechten Winkel einschließt. Wir sind aber nicht darin geschult, uns eine vierte Gerade durch diesen Punkt vorzustellen, die zu jeder der drei vorhin konstruierten Geraden ebenfalls einen rechten Winkel bildet; dafür haben wir in unserem

Anschauungsvermögen keinen Platz. Deshalb ist uns eine vier-dimensionale Welt seltsam fremd. Die abstrakte Mathematik hat jedoch Modelle von „Räumen" entwickelt, die nicht nur vier-, sondern sogar fünf- oder sechsdimensional sind; gar „unendlich-dimensionale Räume" sind denkmöglich ...

Immanuel Kant war ein überzeugter Bewunderer der Mathematik. Er behauptete, dass „in jeder besonderen Naturlehre nur so viel eigentliche Wissenschaft angetroffen werden könne, als darin Mathematik anzutreffen ist". Die Erfassung des Raumes durch die Geometrie ist dafür das glänzendste Beispiel. Womöglich, so Kant, kann der Begriff der Zeit ähnlich präzise gefasst werden, gleich-sam als „eindimensionaler Raum": Ein Zeiger, der die Punkte einer Geraden entlangläuft, symbolisiert sie. Die alten Kulturen, die an die ewige Wiederkehr des Gleichen glaubten, ließen den Zeiger lieber entlang einer Kreislinie laufen – so wie es noch heute die Zeiger unserer Uhren tun. Aber auch dies entspricht geome-trisch einer sogenannten eindimensionalen Mannigfaltigkeit.

Henri Bergson meint auch hier, dass diese Sichtweise zwar nicht falsch ist, aber all das, was wir im Phänomen der Zeit wahr-nehmen, unmöglich abdecken kann. Zeit birgt in sich einfach mehr als nur angewandte Geometrie, sie manifestiert sich im Flie-ßen und Werden, manchmal schnell, manchmal langsam. Die Zeit ist „la durée", eine unumkehrbare, unwiederholbare, unteil-bare „Dauer". Der Raum wird durch den Verstand erfasst, die Zeit durch die unmittelbare Wahrnehmung, die Intuition.

Hermann Weyl, ein etwas jüngerer Zeitgenosse Bergsons und eminenter mathematischer Physiker, verfasste, kurz nachdem Ein-stein seine Relativitätstheorie vollendet hatte, ein gewichtiges, aber keineswegs leicht fassliches Buch unter dem Titel „Raum, Zeit, Materie". In ihm schrieb er, sicher von Bergsons Denken ins-piriert: „Die Urform des Bewusstseinsstromes ist die *Zeit*. Es ist eine Tatsache, sie mag so dunkel und rätselhaft für die Vernunft sein wie sie will, aber sie lässt sich nicht wegleugnen und wir müs-sen sie hinnehmen, dass die Bewusstseinsinhalte sich nicht geben

Hermann Weyl (1885–1955)

als seiend schlechthin (wie etwa Begriffe, Zahlen und dergleichen), sondern als *jetzt-seiend*, die Form des dauernden Jetzt erfüllend mit einem wechselnden Gehalt; so dass es nicht heißt: dies ist, sondern: dies *ist jetzt*, doch *jetzt* nicht mehr. Reißen wir uns in der Reflexion heraus aus diesem Strom und stellen uns seinen Gehalt als ein Objekt gegenüber, so wird er uns zu einem *zeitlichen Ablauf*, dessen einzelne Stadien in der Beziehung des *früher und später* zueinander stehen."

Gezählte Zeit

An einem einfachen Beispiel soll erläutert werden, was Hermann Weyl mit diesen Worten wohl meinte:

Es ist später Abend, Sie sitzen in Ihrem Wohnzimmer bequem in einem Fauteuil, vor sich am Tisch ein Glas, gefüllt mit edlem Burgunder. Das Licht im Zimmer kommt von zwei Kerzen, die auf einer Kommode stehen: Es ist hell genug, um sich zurechtfinden, das Glas vor sich erkennen zu können, aber nicht sehr hell.

Sie wollen ja gar nicht lesen; ruhig sitzen Sie und hängen, die Stille der Nacht erwartend, Ihren Gedanken nach.

Da erklingt von Ferne der Schlag der Turmuhr. Und Sie zählen die Schläge: eins, zwei, drei, vier, fünf, sechs, sieben, acht …

Nach dem achten Schlag verstummt die Glocke. Nun wissen Sie um die Zeit Bescheid: Es ist acht Uhr. Sie stellen dies fest, weil Sie gezählt haben. Denn die Schläge der Glocke selbst klingen gleich: der erste wie der letzte. Nur mit Hilfe des Zählens sind Sie in der Lage, aus den Glockenschlägen auf die Zeit zu schließen. Die einzelnen Glockenschläge sind in der geschilderten Situation die „Bewusstseinsinhalte", von denen Weyl sprach, die man immer nur als *jetzt seiend* wahrnimmt. Aber indem Sie sie gezählt haben, haben Sie sie nicht in die Vergangenheit entgleiten lassen, sondern halten sie so lange präsent, bis der letzte Glockenschlag verklungen ist. Kurz gesagt: Im Zählen der Schläge haben Sie die Zeit im wahrsten Sinne des Wortes *festgehalten*.

Die Geschichte lehrt, dass wir die Zeit allein deshalb wahrnehmen, weil wir zählen können. Denn das Zählen besteht in einem Aufeinanderfolgenlassen der einzelnen Zahlen. Wenn man irgendeine Zahl, sagen wir 313, nennt, ist man sich dessen bewusst, dass alle Zahlen zwischen eins und 312 gleichsam davor liegen. Diese *Vergegenwärtigung* der voranliegenden Zahlen entspricht der Vergegenwärtigung der Vergangenheit, auf die der heilige Augustinus hinwies. Und wir wissen auch, dass 313 nicht die letzte Zahl ist, dass auf sie 314, 315 und unendlich viele weitere folgen. Diese *Vergegenwärtigung* der folgenden Zahlen entspricht der Vergegenwärtigung der Zukunft, genau so, wie es Augustinus meinte. Ebenso war es auch beim Schlagen der Glocke: Als Sie den achten Schlag hörten, warteten Sie vergeblich auf den neunten. In der Erwartung des nächsten Schlages, im Bewusstsein, dass die Zahlen nicht bei acht enden können, sind Sie sich der Möglichkeit von „Zukunft" in der Zeit bewusst. Und als Sie den achten Schlag der Glocke hörten, wussten Sie, dass bereits sieben vergangen waren; sie sind unwiederbringlich verklungen, aber weil sie von Ihnen gezählt wurden, haben Sie diese noch immer als „Vergangenheit" präsent.

Es war in der Geschichte hilfreich, dass Sie im Fauteuil bei dämmrigem Licht ruhend von keinerlei Äußerlichkeit abgelenkt wurden. Im Allgemeinen überhören wir die Glockenschläge von Uhren. Selbst dann, wenn wir sie plötzlich wahrnehmen, sind wir kaum dazu in der Lage, innezuhalten und von Beginn an diese zu zählen. Dies ist ein wohlvertrautes Phänomen: In der Geschäftigkeit des Alltags handeln wir wie zeitverloren. Nur der gelegentliche Blick auf die Uhr hilft uns, den eigenen „Bewusstseinsstrom" mit der Umwelt zu koordinieren. Aber zumeist fällt es uns leichter, das Zählen der Sekunden von uns fernzuhalten: mit vielerlei Aktivitäten, die oft unterhaltend oder nützlich oder notwendig sind, zuweilen aber wirklich nur dazu dienen, die Zeit – wie man metaphorisch sagt – totzuschlagen …

Warum, so könnte man fragen, verrinnt dann aber die Zeit, während die Zahlen ewig so bleiben wie sie sind? Die Antwort darauf lautet, dass die Zeit genauso wenig „verrinnt" wie die Zahlen. Die Zeit selbst vergeht nicht – *wir* vergehen, wir wechseln unsere Masken im großen Zirkus der Weltgeschichte. Die Bewusstseinsinhalte strömen an uns vorbei, aber der Strom selbst ist immer der Gleiche. Wie auch die Zahlen unveränderlich sind. Nur indem wir Zahlen uns im Zählen vergegenwärtigen, lassen wir sie gleichsam an uns vorüberlaufen, zählend und erzählend.

Warum, so darf man weiterfragen, gibt es dann nur eine einzige Zeit? Und warum sind wir so dem Diktat des Vergehens ausgeliefert? Auch hier kann man mit dem Verweis auf die Zahlen antworten, die für uns alle dieselben sind. Zwar kann jede einzelne Person entscheiden, wie schnell oder wie langsam sie zählt und ob sie mit dem Zählen wieder neu beginnen möchte. Bei der Zeit ist es ganz ähnlich: Manchmal empfinden wir sie wie im Fluge vorbeihuschen, manchmal wie ein müdes Krokodil entlangkriechen, und oft wollen wir, dass alles wieder von Neuem beginnt: beim nächsten Augenaufschlag, am Morgen nach dem Erwachen, zum Jahreswechsel. Trotzdem wissen wir um die unnachgiebige Strenge des Zählens, die keine einzige Zahl, und sei sie noch so groß, die letzte sein lässt. Immer wieder harrt die um eins größere darauf, gezählt zu werden. Ebenso ist es mit der Zeit, die – wie man nicht ganz korrekt sagt – nie zum Stehen kommt. Und weil wir alle die gleichen Zahlen kennen, kennen wir auch alle eine – und nur eine – uns gemeinsame Zeit.

Gemalte Zeit

Zeit und Zahl hängen untrennbar zusammen. In einem wahrhaft wahnwitzigen Kunstwerk dokumentiert dies seit 1965 der Maler Roman Opalka:

1931 als Kind polnischer Eltern im nordfranzösischen Abbeville geboren, kehrte Roman Opalka nach dem Zweiten Weltkrieg mit seiner Familie nach Polen zurück. Dort studierte er Druckgrafik und besuchte die Kunstschule in Lodz und die Kunstakademie in Warschau. Mitte der sechziger Jahre entschloss er sich dazu, nur mehr ein einziges Kunstwerk zu malen, das notgedrungen wird unvollendet bleiben müssen.

Auf einer 196 Zentimeter hohen und 135 Zentimeter breiten schwarz grundierten Leinwand begann er nach der Gewohnheit unserer abendländischen Schrift von links nach rechts und weiter von oben nach unten mit titanweißer Farbe die Zahlen 1, dann 2, dann 3, dann 4, dann 5 ... zu malen. Eine Zahl nach der anderen. Er verwendet dafür den kleinsten verfügbaren Pinsel, sodass die von ihm geschriebenen Ziffern nur etwa fünf Millimeter groß sind. Wenn Opalka eine Leinwand mit Zahlen gefüllt hat, setzt er sein malerisches Zählen mit der nächsten gleich großen Leinwand fort. So entsteht mit der Zeit, wie er es nennt, ein „Detail" nach dem anderen. Ab 1972 begann er, die Grundierung seiner Leinwände von „Detail" zu „Detail" durch die Zugabe von jeweils 1 Prozent mehr Zinkweiß aufzuhellen. Seine Bilder werden so immer heller. Heute liest man die Zahlen auf einem hellgrauen Hintergrund. Irgendwann wird das Bild dann weiß sein, mit titanweißen Zahlen. Die Zahlen werden dann nur noch beim Malen in noch nicht trockenem Zustand zu lesen sein.

Opalka taucht seinen Pinsel nur ein, wenn er eine Zahl zu Ende geschrieben hat. Er hat es sich auch zur Gewohnheit gemacht, alle Zahlen, die er malt, auf Polnisch auszusprechen (die polnische Sprache gibt die Zahlen exakt in der Reihenfolge der aufeinanderfolgenden Ziffern wieder) und mit einem Tonaufzeichnungsgerät auch akustisch zu bewahren. Und jeden Tag, an dem der Maler zählt, macht er zu Beginn mit einer fix installierten Kamera mit Selbstauslöser ein Foto von sich. Die Bilder zeigen einen Opalka in immer gleicher Kleidung unter immer gleichen Lichtverhältnissen, mit immer gleicher Mimik, mit immer helleren Haaren vor immer heller werdenden Bildern. So will er die Zeit in verschiedenen Techniken festhalten, buchstäblich *die Zeit malen*.

Mehr als vier Jahrzehnte später zählt Roman Opalka immer noch. Er hat mehrere Millionen bereits überwunden. Einige Hundert Leinwände bezeugen als „Details" sein Werk. In ihrer strengen Schlichtheit sind es außerordentlich ansprechende Gemälde: Wenn man sie von fern betrachtet, glaubt man nur ein schillerndes Grau vor sich zu sehen. Erst wenn man ganz nah herantritt, sieht man in feinst ziselierter Schrift die Zahlen: … 4 167 819, 4 167 820, 4 167 821, 4 167 822, 4 167 823 … und so weiter.

„Je voulais manifester le temps, son changement dans la durée" – „Ich möchte die Zeit darstellen, ihren Wechsel in der Dauer", sagt Roman Opalka von sich. Wie anders kann das in der reinsten Form gelingen, als sich dem unerschöpflichen Projekt des Zählens zu stellen?

Natürlich ist Opalka ein Künstler am Rande des Wahnsinns. Die Monumentalität seines Projekts überfordert, er ergibt sich einem inneren Zwang und kann nicht aufhören. Denn sobald er sagte, nun sei Schluss, er habe sein letztes „Detail" vollendet, widerspräche er dem innersten Wesen von Zeit. Die Zeit, die Urform des Bewusstseinsstroms, „hört nicht auf". Darum muss er nach jeder Zahl die nächste malen. Kein „Detail" kann, solange er lebt, das letzte sein. Opalka drückt dies in folgenden Worten aus: „Meine Malerei ist eine Philosophie in Aktion. Ein Philosoph muss eine Architektur bauen, muss intelligent sein. Der Künstler ist am meisten Philosoph, wenn er nicht am Suchen ist. Wenn er sucht, verliert er. Er soll sich aber befreien. Er soll sich erheben, im Denken, in der Reflexion. Die Zahlen, die ich male, da brauche ich mich nicht zu konzentrieren. Sie sind wie die Schritte, die man beim Spaziergang macht. Wenn man allein geht, hat man die Befreiung des Geistes und auch Befreiung von der Hysterie der Zeit. Zu Beginn meines Konzeptes dachten die Leute, das wäre eine Begrenzung, eine Häftlingssituation. Es ist umgekehrt. Häftling ist der, der sich beim Suchen verliert. Ich manifestiere diese Befreiung."

Zeit ist Kunstwerk. Opalka wandert ihr entlang, jede Zahl ein Schritt, der unendlich fernen Ewigkeit entgegen.

Die Erfindung der Zahl

Können wir uns dem Göttlichen auf keinem anderen Wege als durch Symbole nähern, so werden wir uns am passendsten der mathematischen Symbole bedienen, denn diese besitzen unzerstörbare Gewissheit.

Nikolaus von Kues

Der schrullige Vagabund

Zu Beginn der achtziger Jahre des vorigen Jahrhunderts erhielt ich auf Vermittlung meines damaligen Mentors Peter Gruber eine Einladung der Ungarischen Akademie der Wissenschaften nach Budapest. Gleich am ersten Tag wurde ich zu Mittag in ein schummriges Kellerrestaurant geladen, wo einige Mathematiker der Akademie mich erwarteten. Mit einem verschmitzten Lächeln stellte mich einer der Gastgeber dem in der Mitte hockenden alten Mann vor, der im Unterschied zu allen anderen nicht aufgestanden war und scheinbar geistesabwesend auf seinen Suppenteller starrte. Er trug ein verschlissenes Gewand, das man Jahrzehnte zuvor vielleicht für einen Anzug gehalten hätte; aus einem vergilbten offenen Hemd ragte ein von Falten durchfurchter, unrasierter Kopf mit ungepflegtem, grauem Haar heraus, und die Brille vor seinen listigen kleinen Äuglein drohte von der Nase herab in den Teller zu fallen.

„Das ist Erdős Pál", wurde in mein Ohr geflüstert, und für einen kurzen Augenblick blinzelte mich der Alte an, während er mir seine schlaffe Hand für einen kurzen Gruß reichte. Dann

Paul Erdős (1913–1986)

nahm er die Papierserviette bei seinem Teller und kritzelte mit seinem Kugelschreiber ein paar Zeichen darauf. „It is a problem for you", murmelte er im schwer verständlichen ungarischen Akzent und schob die Serviette zu mir. Die anderen Herren am Tisch schmunzelten einander zu: Paul Erdős hat eines seiner unzähligen Probleme auf die Serviette geschrieben und mir vorgestellt. Würde ich es lösen können oder wenigstens ein paar vernünftige Bemerkungen dazu machen, er würde mir Aufmerksamkeit und Interesse entgegenbringen.

Aber davon konnte keine Rede sein. Nicht nur, dass es mich kaum interessierte, wie man irgendeine Summe berechnet, die aus eigenartig geformten Produkten von Primzahlen besteht. Ich war damals (und bin es bis heute) nicht genug darin geübt, blitzschnell den Kern einer mathematischen Aufgabe zu erfassen. Denn es bedarf eines anstrengenden Trainings, mit gefinkelten mathematischen Rätseln umzugehen. Zwei Kollegen von Erdős, die ungarischen Mathematiker György Pólya und Gábor Szegő, haben sogar Bücher über das Lösen mathematischer Aufgaben verfasst, auch mein Freund, der am City College von New York lehrende Alfred Posamentier, gab ein Werk über die Kunst des Problemlösens heraus. Aber dieses Training ist mühsam. Daher blieb mir die Chance, von Erdős persönlich Anerkennung zu erfahren, versagt.

Meine Enttäuschung darüber ist beherrschbar. Denn die persönlichen Kontakte, die Erdős pflegte, beschränkten sich sein ganzes Leben lang fast immer nur auf mathematische Konversation. Seine Eltern waren schon Mathematiklehrer. Der Vater wurde 1914, als der junge Pál ein Jahr alt war, bei einem Angriff russischer Soldaten gegen das damals königliche Ungarn gefangen genommen und kehrte erst 1920 aus der Verbannung zurück. Inzwischen übernahmen die Mutter und eine deutsche Gouvernante die Erziehung des schon früh mathematisch Hochbegabten. Bereits mit vier Jahren konnte er im Kopf die Zahl der Sekunden ausrechnen, die ihm bekannte Personen bisher lebten. Die Schule besuchte er nur unregelmäßig; seine Mutter meinte, bei ihr sei er besser aufgehoben. Tatsächlich dürfte sie die einzige Person sein, zu der er eine menschliche Beziehung entwickelte. Weder war er verheiratet, noch hatte er Freunde, die keine Mathematiker gewesen sind. Nach seinem Weggang aus Ungarn, das in den dreißiger Jahren vom Antisemitismus durchsetzt war, pendelte er bis zu seinem Lebensende von Universität zu Universität ohne festen Wohnsitz. Dies begann 1938 in Princeton, wo er als Stipendiat nicht lange blieb, weil ihn die Institutsleitung für „eigentümlich und unkonventionell" hielt. Er ließ sich seither von den mathematischen Instituten der verschiedensten Hochschulen auf der Welt einladen und tingelte so mit seinem Köfferchen umher – immer nur mit mathematischen Problemen im Kopf, die er seinen Kollegen stellte und zum Teil auch selbst in raffinierter Weise zu lösen verstand. So entstanden über 1500 mathematische Artikel aus seiner Feder, so viel, wie kaum ein anderer jemals schrieb.

Hätten ihn seine Kollegen nicht umsorgt, er wäre an den banalsten Dingen des Lebens gescheitert. Einmal wurde er von einer Journalistin gefragt, wie er sich ernähre. Natürlich habe er noch nie in seinem Leben für sein Essen gesorgt, antwortete er, er wisse zwar theoretisch, wie man ein Ei koche, aber er habe es noch nie ausprobiert. Und als ihn ein Radioreporter fragte, ob es wahr sei, dass er im Kopf zwei vierstellige Zahlen miteinander multiplizieren könne, antwortete er ganz ehrlich: „Nicht mehr, aber als ich vier war, konnte ich das."

Der ungarische Mathematiker József Pelikán erzählt die folgende bezeichnende Begebenheit: „Ich besuchte ein Konzert zusammen mit Erdős. Sobald die Musik begann, zog er ein Notizbuch hervor und begann, mathematische Probleme zu lösen. Nach etwa einer halben Stunde wandte er sich an mich und fragte: ,Was für Lärm ist das?' Man darf das nicht falsch verstehen: Erdős hatte sein eigenes Vokabular, und in diesem stand ‚Lärm' nun einmal für Musik. Er mochte Musik sehr und wusste ganz genau, dass er in einem Konzert saß. Es war einfach völlig normal für ihn, der Musik zuzuhören und sich gleichzeitig mit Mathematik zu beschäftigen."

Mathematiker nannte Erdős in seinem Vokabular „Maschinen, die Kaffee in Theoreme verwandeln". (Ein Theorem ist eine in einem Satz formulierte wertvolle mathematische Erkenntnis.) Erdős verschlang nicht nur Kaffee. Um seinen über 19 Stunden dauernden Arbeitstag sein Leben lang durchhalten zu können, verdrückte er Unmengen von Koffeintabletten und Amphetaminen. 1979 wettete sein Mitarbeiter Ronald Graham, dass er es nicht schaffen könne, einen Monat lang keine Amphetamine zu nehmen. Erdős gewann, pumpte sich danach aber wieder mit Aufputschmitteln voll und warf Graham vor, den mathematischen Fortschritt um einen Monat aufgehalten zu haben.

83-jährig starb Erdős an Herzversagen – auf einem mathematischen Kongress, wo sonst?

Das Buch

Erdős sah in der Mathematik eine Schöpfung Gottes, wenn nicht sogar *die* Schöpfung Gottes. Aber Gott war in Erdős' Augen boshaft, der „Oberfaschist", so nannte Erdős ihn. Denn Gott, dachte er, besitzt das „Buch", in dem alle mathematische Erkenntnis eingetragen ist. Und Gott ist heimtückisch, so behauptete er, weil er uns den Inhalt des „Buches" verbirgt. Unsere edelste, ja einzig wertvolle Aufgabe als Menschen und Mathematiker ist Erdős' Ansicht nach, dem „Oberfaschisten" den Inhalt des „Buches" zu entreißen. Darum eilte Erdős von einem mathematischen Problem zum nächsten. Für manche von ihnen setzte er zur Lösung sogar Geldpreise aus: Einfache Probleme waren sogenannte Zehn-

Dollar-Aufgaben, schwierige Probleme Fünfzig- oder gar Hundert-Dollar-Aufgaben. Für sehr schwere Probleme nannte er sogar Summen, die sein immer bescheiden gebliebenes Vermögen weit überstiegen. Als ihn Kollegen darauf aufmerksam machten, dass er mit seinen Geldpreisen sich möglicherweise materiell völlig ruiniere, antwortete er gelassen: „Da sind so harte Nüsse dabei, ich bin mir sicher, so schnell wird man sie nicht knacken."

Kurze elementare Lösungen der Probleme waren von Erdős erwünscht. Denn im „Buch" gäbe es für jedes Theorem nur einen Beweis, nämlich den ästhetischsten und elegantesten. Wenn jemand Erdős eine noch holprig gestaltete Lösung eines seiner Probleme vorlegte, grummelte er: „Wunderbar, aber jetzt müssen wir noch den ‚Buch'-Beweis dafür suchen!" Wenn aber jemand gleich einen raffiniert gestalteten Lösungsweg vorlegte, rief er aus: „Dieser Beweis kommt ja direkt aus dem ‚Buch'!"

Versuchen wir ein Beispiel für einen „Buch"-Beweis anzudeuten:

Zu den seltsamsten „Geschöpfen" in der Welt der Zahlen gehören die *Primzahlen*. Eine von 1 verschiedene Zahl ist Primzahl, wenn sie keine Teiler außer 1 und sich selbst besitzt. 11 ist zum Beispiel Primzahl, nicht aber 9, denn 9 hat außer 1 und 9 noch 3 als Teiler.

Primzahlen sind in der Arithmetik so etwas wie die Elemente in der Chemie: Dort ist jeder Stoff entweder eine Verbindung aus Elementen oder selbst ein chemisches Element: Wasser setzt sich zum Beispiel aus Wasserstoff und Sauerstoff zusammen, Kochsalz aus Natrium und Chlor. Hingegen erweisen sich zum Beispiel Quecksilber oder Schwefel als chemisch unzerlegbare Stoffe, also als Elemente. Genauso sind in der Mathematik die von 1 verschiedenen Zahlen entweder Primzahlen oder aus Primzahlen „zusammengesetzte Zahlen", d. h. Zahlen, die sich als Multiplikationen von mindestens zwei Primzahlen errechnen. So stellen 59 und 61 Primzahlen dar, während sich 60 ergibt, wenn man die Primzahlen 2, 3 und 5 miteinander multipliziert, 2 dabei sogar doppelt nimmt.

Die Primzahlen bis 100 lauten: 2, 3, 5, 7, 11, 13, 17, 19, 23, 29, 31, 37, 41, 43, 47, 53, 59, 61, 67, 71, 73, 79, 83, 89, 97.

Dass 1 nicht zu den Primzahlen gehört, hat historische Gründe. Euklid, der um 300 v. Chr. den Begriff der Primzahl erfand, erachtete 1 nicht als richtige Zahl: Für ihn war 1 die „Einheit", bei der es ja noch nichts zu „zählen" gibt.

Euklid verdanken wir auch eine bemerkenswerte Erkenntnis: Angenommen, wir würden nur 2, 3 und 5 als Primzahlen kennen. Euklid multipliziert diese drei Zahlen und gibt danach 1 hinzu. Die so erhaltene Zahl 31 kann weder 2 noch 3, noch 5 als Teiler haben, denn bei der Division bleibt immer 1 als Rest. Darum können wir sicher sein, dass es mehr Primzahlen als 2, 3 und 5 geben muss.

Zufälligerweise ist sogar 31 selbst Primzahl. Das muss aber nicht der Fall sein: Wenn man 2, 3, 5, 7, 11 und 13 miteinander multipliziert und 1 dazugibt, bekommt man 30 031. Auch diese Zahl ist weder durch 2 noch durch 3, 5, 7, 11 oder 13 teilbar. Aber sie ist nicht selbst Primzahl, sondern das Produkt der Primzahlen 59 und 509.

Jedenfalls wissen wir, dass auch die oben angeschriebene Liste der ersten 25 Primzahlen nicht vollständig sein kann. Theoretisch brauchten wir nur alle diese miteinander zu multiplizieren und danach 1 hinzuzugeben. Die so erhaltene Zahl hat dann entweder neue Primzahlen als Teiler oder ist sogar selbst eine neue Primzahl.

Praktisch macht das niemand: Man bekommt dabei Zahlengiganten, die niemand bewältigen kann – kein Mensch und kein Computer. Es gibt bessere Methoden, immer neue Primzahlen zu finden. Aber eines lernen wir von Euklid: Nie wird die Folge der Primzahlen enden.

Dieses Argument des Euklid ist so unumstößlich überzeugend, dass Erdős es als strahlendes Beispiel eines Beweises aus dem „Buch" anerkennt.

In Primzahlen verborgene Geheimnisse

Die Einsicht des Euklid ist deshalb so bemerkenswert, weil bis heute das Aufeinanderfolgen der Primzahlen Rätsel aufgibt. In der Folge der Primzahlen von eins bis hundert scheint es keine Regelmäßigkeiten oder irgendein Gesetz zu geben, nach dem sie gebildet wird. Dieses sporadische Auftreten der Primzahlen setzt sich auch weiterhin fort: So klafft zwischen den aufeinanderfolgenden Primzahlen 1913 und 1931 eine ziemlich große Lücke. Die Primzahl 1933 schließt aber fast unmittelbar an. Zur nächsten Primzahl 1949 tritt wieder eine erhebliche Lücke auf, während die Primzahl 1951 wieder fast unmittelbar anschließt. Weil 2 alle geraden Zahlen teilt, sind bis auf 2 alle Primzahlen ungerade. Aufeinanderfolgende ungerade Primzahlen müssen sich daher mindestens um 2 unterscheiden. Unterscheiden sie sich, wie

*Pierre de Fermat
(1601–1665)*

159

bei 17 und 19, bei 71 und 73 oder bei 1949 und 1951 wirklich nur um 2, nennt man diese Primzahlpaare Primzahlzwillinge. Ob es deren unendlich viele gibt, ist bis heute unbekannt.

Pierre de Fermat, Rechtsanwalt in Bordeaux und später parlamentarischer Rat in Toulouse, der in der ersten Hälfte des 17. Jahrhunderts lebte, widmete sich in seiner Freizeit mit leidenschaftlicher Hingabe den in den Zahlen verborgenen Gesetzen. Vor allem versuchte er Geheimnisse, die in den Primzahlen verhüllt sind, zu lüften. Da es zu seiner Zeit den Beruf des Mathematikers nicht gab, kam Fermat nie auf den Gedanken, mathematische Abhandlungen zu verfassen. Vielmehr schrieb er seine Erkenntnisse oder seine Vermutungen in Briefen an Freunde, die wie er Amateurmathematiker waren, oder er notierte seine mathematischen Gedanken an die Seitenränder der Bücher antiker Autoren, die er gerade las. Fast nie gab er Begründungen für seine Behauptungen, obwohl viele seiner Erkenntnisse von geradezu hellseherischen Fähigkeiten zeugen.

Multipliziert Fermat zum Beispiel die Zahl 2 siebenmal mit sich selbst und zieht er vom Ergebnis 128 wieder 2 ab, erhält er 126, eine durch sieben teilbare Zahl (denn $7 \cdot 18 = 126$). Wenn Fermat die Zahl 3 siebenmal mit sich multipliziert und vom Ergebnis 2187 wieder 3 abzieht, bekommt er ebenfalls eine durch sieben teilbare Zahl, nämlich 2184 (denn $7 \cdot 312 = 2184$). Auch bei 4, 5, 6, 7, 8 und jeder weiteren Zahl stimmt das Gleiche: Siebenmal mit sich selbst multipliziert und vom Ergebnis diese Zahl wieder subtrahiert, ergibt immer eine durch sieben teilbare Zahl. Fermat behauptete, dass dies nicht eine besondere Eigenschaft von sieben darstellt, dass man vielmehr dasselbe mit jeder anderen Primzahl anstellen kann. Wenn man zum Beispiel 10 dreimal mit sich multipliziert und vom Ergebnis 1000 die Zahl 10 wieder subtrahiert, erhält man die durch drei teilbare Zahl 990. Dies deshalb, weil 3 Primzahl ist. Oder wenn man 4 elfmal mit sich multipliziert und vom Ergebnis 4 194 304 die Zahl 4 subtrahiert, erhält man die durch elf teilbare Zahl 4 194 300. Sie errechnet sich als $11 \cdot 381\,300$. Dies deshalb, weil 11 Primzahl ist.

Ein anderes Beispiel: Die Primzahl 29 kann man als Summe zweier Quadratzahlen schreiben: 29 = 25 + 4. (25 und 4 heißen Quadratzahlen, weil ein quadratisches Punktemuster mit 5 bzw. mit 2 Punkten an jeder Seite aus 25 bzw. aus 4 Punkten besteht. Die ersten zehn Quadratzahlen lauten 1, 4, 9, 16, 25, 36, 49, 64, 81, 100.) Auch die Primzahl 97 kann man als Summe zweier Quadratzahlen schreiben: 97 = 81 + 16. Bei manchen Primzahlen, wie zum Beispiel bei 3, oder bei 7, oder bei 19, gelingt dies aber nicht. Fermat behauptete: Nur jene Primzahlen sind nicht Summen von zwei Quadratzahlen, die bei der Division durch vier den Rest drei lassen. Alle anderen Primzahlen – und genau diese – kann man als Summen von zwei Quadratzahlen schreiben, wobei eindeutig feststeht, um welche Quadratzahlen es sich handelt. So ist zum Beispiel die Primzahl 73 die Summe der Quadratzahlen 64 und 9, und nur von diesen beiden.

Erst ein Jahrhundert später bewies der unerhört emsige Schweizer Gelehrte Leonhard Euler, dass Fermat mit den hier genannten Aussagen und mit einer Reihe anderer Behauptungen recht hatte. Aber bei einer Vermutung irrte sich Fermat:

Wenn man 2 einmal, zweimal, viermal, achtmal mit sich multipliziert, erhält man die Zahlen 2, 4, 16, 256. Addiert man zu diesen Ergebnissen 1, bekommt man 3, 5, 17, 257 – lauter Primzahlen. Auch wenn man 2 sechzehnmal mit sich multipliziert und danach 1 addiert, erhält man eine Primzahl, nämlich 65 537. Vielleicht, so mutmaßte Fermat, geht das so weiter, vielleicht erhält man auf diese Weise immer eine Primzahl. Euler zeigte, dass dies nicht stimmt: Wenn man 2 zweiunddreißigmal mit sich multipliziert und danach 1 addiert, bekommt man keine Primzahl mehr, sondern die zusammengesetzte Zahl 4 294 967 297, die durch 641 teilbar ist. Allein das – ohne Rechenmaschine – herauszufinden, war von Euler genial!

Ein Zeitgenosse Fermats, der Franziskanermönch Marin Mersenne, der neben Theologie und Musiktheorie auch Mathematik im besten Sinne dilettierend betrieb, teilte in Briefen Fermat und weiteren befreundeten Hobbymathematikern ein anderes Verfahren mit, aus dem sich Primzahlen ergeben könnten: Wenn man 2 zweimal, dreimal, fünfmal, siebenmal mit sich multipliziert, erhält man die Zahlen 4, 8, 32, 128. Zieht man von diesen Ergebnissen 1 ab, bekommt man 3, 7, 31, 127 – lauter Primzahlen. Dies liegt daran, dass die „Vielfachheiten" 2, 3, 5, 7, mit denen man 2 mit sich multipliziert hatte, selbst Primzahlen sind. Allerdings: Wenn man 2 elfmal mit sich multipliziert und danach 1 abzieht, bekommt man $2047 = 89 \cdot 23$, eine zusammengesetzte Zahl. Aber wenn man 2 dreizehnmal, siebzehnmal oder neunzehnmal mit sich multipliziert und von den Ergebnissen 8192, 131 072, 524 288 die Zahl 1 abzieht, erhält man wieder Primzahlen, nämlich 8191, 131 071, 524 287. Danach aber sind die Primzahlen unter den nach Mersennes Verfahren erhaltenen Zahlen dünner gestreut. Nur ab und zu stimmt es, dass 2, mit einer Primzahlvielfachheit mit sich selbst multipliziert und danach um 1 verringert, eine Primzahl als Ergebnis liefert. Niemand weiß, welchem eigenartigen Gesetz die Zahlen hier gehorchen.

Die größte noch mit Hand berechnete Primzahl wurde nach dem von Mersenne vorgeschlagenen Verfahren gefunden: Der Ende des 19. Jahrhunderts in Pariser Gymnasien unterrichtende Mathematiklehrer Édouard Lucas multiplizierte 2 hundertsiebenundzwanzig Mal mit sich, zog vom Produkt 1 ab und bewies, dass sein so erhaltenes Zahlenmonster 170 141 183 460 469 231 731 687 303 715 884 105 727 wirklich eine Primzahl ist …

Wozu Primzahlen?

All dies mag ja interessant klingen, aber die Frage bleibt, wozu das alles gut sein soll.

Erdős hätte eine solche Frage mit Verachtung gestraft. Nicht nur er. Sein fast 40 Jahre älterer englischer Kollege Godfrey Harold Hardy, auch ein begnadeter Zahlenliebhaber, hat ausdrücklich die

Frage nach dem Nutzen der Mathematik als Sakrileg gebrandmarkt. Stolz verteidigte er sich in seiner „Apologie" als weltabgewandter Wissenschafter:

„Ich habe nie etwas gemacht, was ‚nützlich' gewesen wäre. Für das Wohlbefinden der Welt hatte keine meiner Entdeckungen – ob im Guten oder Schlechten – je die geringste Bedeutung, und daran wird sich auch vermutlich nichts ändern. Ich habe mitgeholfen, andere Mathematiker auszubilden, aber Mathematiker von derselben Art, wie ich einer bin, und ihre Arbeit war, zumindest soweit ich sie dabei unterstützt habe, so nutzlos wie meine eigene. Nach allen praktischen Maßstäben ist der Wert meines mathematischen Lebens gleich null, und außerhalb der Mathematik ist es ohnehin trivial. Ich habe nur eine Chance, dem Verdikt vollkommener Trivialität zu entgehen, und zwar dadurch, dass man mir zugesteht, etwas geschaffen zu haben, was sich zu schaffen lohnte. Dass ich etwas geschaffen habe, ist nicht zu bestreiten; die Frage ist nur, ob es etwas wert ist."

Seine Haltung ähnelt der von Künstlern, die l'art pour l'art, also Kunst als Selbstzweck, produzieren. Unter rein betriebswirtschaftlichen Gesichtspunkten hätten es nicht nur Homer und Bach schwer gehabt, sondern auch Pythagoras und Fermat, sich vor der Gesellschaft zu rechtfertigen.

Für Hardy war vor allem wichtig, dass seine Erkenntnisse nicht, wie im Gegensatz dazu die Entdeckungen der Atomphysiker, für kriegerische Zwecke ausgenützt werden können: „Wirkliche Mathematik spielt für den Krieg keine Rolle", behauptete er, „bislang hat niemand einen kriegerischen Nutzen der Zahlentheorie entdeckt."

Aber Hardy irrte sich gewaltig. Gerade die Primzahlen, denen er sich mit liebevoller Hingabe widmete, besitzen im Kriegsgeschäft und in allen Bereichen, wo es um strikte Geheimhaltung geht, eine immense Rolle. Allerdings wurde dies erst nach Hardys Tod publik:

Wie viel ergibt 313 mit 65 537 multipliziert? Das ist nicht schwer auszurechnen. Mit dem Taschenrechner in Sekundenschnelle, und selbst mit der Hand brauche ich weniger als eine Minute. (Ich bin ein eher mittelmäßiger Rechner.) Das Ergebnis lautet: 20 513 081.

So weit, so gut. Was aber, wenn ich umgekehrt die Zahl 3 576 211 vorlege und danach frage, aus welcher Multiplikation sie entstanden ist? Da ist man, wenn man nur mit Bleistift und Papier rechnen darf, heillos überfordert. Und auch mit einem Taschenrechner braucht man für die Antwort elend lang. Wenn man nämlich der Reihe nach probiert, 3 576 211 durch 2, 3, 5, 7 usw. zu dividieren. Und erst dann die Lösung hat, wenn die Division ohne Rest aufgeht.

Die beiden Aufgaben sind vergleichbar mit Folgendem: Man sitzt vor einem Tisch, auf dem eine Schüssel voll Zucker und eine voll Sand stehen. Die beiden Schüsseln auszuleeren, Sand und Zucker zu mischen, fällt leicht. Aber aus dem Gemisch wieder Sand von Zucker zu trennen und in die Schüsseln zurückzubringen, ist mehr als mühsam.

Das Beispiel mit den Schüsseln voll Zucker und Sand ist bizarr. Aber das Beispiel der oben genannten Rechnungen hat eine tiefe Bedeutung. Vor knapp 30 Jahren erfanden die Mathematiker Ronald L. Rivest, Adi Shamir und Leonard Adleman eine Technik, mit Hilfe einer Zahl, wie zum Beispiel 20 513 081, einen Text zu verschlüsseln. Die Technik fußt auf einer der oben genannten Erkenntnisse des Rechtsanwalts Fermat, aber wie sie genau vor sich geht, braucht nicht zu interessieren. Es genügt zu wissen, dass man die Verschlüsselungszahl 20 513 081 und einen beliebigen Text, zum Beispiel „DER MOND IST AUFGEGANGEN", in die RSA-Verschlüsselungsmaschine eingibt. (RSA nach den Anfangsbuchstaben ihrer Erfinder benannt.) Dann kommt ein völliger Wirrwarr von Buchstaben, z. B. „QWER TZUIOP ASDFGHJKLYXCVB", heraus. Niemand, der dies liest, weiß, wie der ursprüngliche Text gelautet hat. Unverzichtbar für Geheimdienste und das schmutzige Geschäft der Spione, aber auch genauso wichtig für die Übermittlung von Geschäftsgeheimnissen. Selbst wer seinen Bankomat-Code in den Automat eintippt, möchte, dass dieser auf dem Übertragungsweg zur eigenen Bank verschlüsselt transportiert wird.

Wie aber kommt man wieder an die ursprüngliche Nachricht heran? Es gibt eine RSA-Entschlüsselungsmaschine, die aus „QWER TZUIOP ASDFGHJKLYXCVB" wieder „DER MOND IST AUF-GEGANGEN" erzeugt. Aber die Kenntnis der Verschlüsselungszahl 20 513 081 ist dazu nicht ausreichend. Ganz im Gegenteil: Die Verschlüsselungszahl kennt jeder. Jeder soll die Möglichkeit dazu erhalten, mit der RSA-Verschlüsselungsmaschine seine Botschaften zu kodieren.

Die RSA-Entschlüsselungsmaschine jedoch muss von der Verschlüsselungszahl 20 513 081 die beiden Teiler 313 und 65 537 kennen. Nur mit diesen kann sie den kodierten Zeichenwirrwarr dekodieren. Und weil es so mühsam ist, von einer großen Zahl die Teiler zu berechnen – sind Sie schon auf die Teiler von 3 576 211 gekommen? –, funktioniert die Geheimhaltung. Erst nach sehr langer Zeit wird ein Code-Knacker die Teiler der RSA-Verschlüsselungszahl herausgefunden haben. Inzwischen hat man sich bereits längst auf eine andere Verschlüsselungszahl geeinigt, und die mühselige Rechenarbeit des Code-Knackers war umsonst.

Allerdings: So „kleine" Zahlen wie 3 576 211 oder 20 513 081 sind für die Praxis völlig ungeeignet. Die Verschlüsselungszahl soll ja nicht bloß ein paar Minuten, sondern wenigstens eine Woche halten. (Nebenbei: Schnelle Computer können die Teiler von 3 576 211 binnen Bruchteilen von Sekunden ermitteln.) In Wirklichkeit sucht man beim RSA-Verfahren zwei Primzahlen, die mehr als 200 Stellen haben. Diese multipliziert man dann und gibt das aus mehr als 400 Stellen bestehende Ergebnis öffentlich als Verschlüsselungszahl bekannt.

Sogar die schnellsten elektronischen Rechner sind derzeit heillos überfordert, in Jahren (!) die Teiler von solchen 400-stelligen Zahlen zu ermitteln. Jemand, der ein Programm erfinden könnte, das die Teiler von Zahlen so schnell ermittelt, wie man zwei Zahlen miteinander multiplizieren kann, würde über Nacht zu einem der reichsten Menschen der Welt werden …

Apropos, wer es unbedingt wissen will: die Teiler von 3 576 211 sind 1789 und 1999.

Die Existenz – von Primzahlen und allem anderen

Kein einziger von Mathematik faszinierter Mensch sieht im Nutzen der Primzahlen für Verschlüsselungen oder irgendwelche andere „praktische" Anwendungen den Grund dafür, sich für Zahlentheorie zu begeistern. Anwendungen spielen für die Jünger des Pythagoras und des Euklid nur eine nebensächliche Rolle. So wie ein Bergsteiger glasige Augen bekommt, wenn er begeistert vor der Eiger-Nordwand steht und sie bezwingen will, so bekommen Zahlentheoretiker glasige Augen angesichts der im Grunde nutzlosen Primzahl-Rätsel. Fragt man den Bergsteiger, warum er gerade die Nordwandroute wählt, um den Eiger zu besteigen (andere Routen sind viel einfacher, und man hat von oben die gleiche Aussicht), antwortet er: „Weil sie da ist." Genauso antwortet die mathematische Koryphäe, wenn man fragt, warum sie sich so verbissen mit Primzahlen auseinandersetzt: „Weil sie da sind."

Und sie werden immer „da" sein. In Milliarden Jahren, wenn die Sonne verglüht und die Erde zerbricht, wird es keine Eiger-Nordwand mehr geben. Aber die Idee der Primzahlen noch immer. Sie ist ewig.

Sie ist sogar im wahrsten Sinne des Wortes all-umfassend. Stellen wir uns vor, Astronomen entdecken in einem viele Lichtjahre von uns entfernten Sonnensystem einen Planeten, auf dem intelligente Wesen leben, und wir entschließen uns, Funksignale zu ihnen zu senden. Welche Botschaft sollten wir ihnen mitteilen? In welcher Sprache? Wir könnten ihnen ja kaum berichten, dass unsere Herzen links schlagen. Denn die fremden Wesen haben vielleicht gar keine Herzen, oder jedes von ihnen gar deren mehrere. Und selbst mitzuteilen, was wir unter „links" verstehen, ist nahezu aussichtslos.

Aber eine Botschaft können wir senden und darauf vertrauen: Wenn sie von intelligenten Wesen empfangen wird, dann begreifen sie sofort, dass Geschwister im All mit ihnen kommunizieren wollen. Wir funken einfach „bip-bip", danach „bip-bip-bip", danach „bip-bip-bip-bip-bip", danach sieben aufeinanderfolgende „bip", danach elf, danach dreizehn, dann siebzehn, dann neunzehn usw.

„Da gibt es jemanden im Kosmos, der zu uns die Primzahlen funkt!" Wie auch immer die fernen Wesen miteinander „sprechen", dies wäre mit Sicherheit ihre Reaktion auf unsere Signale. Tatsächlich hat um 1960 der holländische Mathematiker Hans Freudenthal eine „lingua cosmica", eine „kosmische Sprache" entworfen, die von außerirdischen intelligenten Wesen verstanden werden sollte. Und natürlich steht am Beginn der „lingua cosmica" die Mathematik: Einfache Zahlenbeziehungen werden mitgeteilt. Denn von nichts anderem als von Zahlen können wir sicher sein, im ganzen Weltall in gleicher Weise begriffen zu werden.

Warum sagen wir, dass Zahlen „da" sind, dass sie „existieren"? Weil wir diese eigenartigen, vom menschlichen Geist erdachten Wesen genau *verstehen*, viel besser verstehen als alles andere auf dieser Welt. Was ist mit dieser Antwort gemeint?

Fragen wir anders: Woher wissen wir von der Existenz des Königs Etzel im Nibelungenlied? Ein Historiker antwortet, dass dieser König Etzel niemand anderer als der Hunnenfürst Attila sei, von dessen Existenz er, der Historiker, überzeugt sei. Weil er in seinem Studium über Attila gelernt hat oder gar über diese Zeit forschte. Weil er Belege dafür kennt, dass Attila mit seinem Heer im Frühjahr 451 auf der Donaustraße bis nach Gallien zog, dass Attila den Westgoten unter Aetius in der Schlacht auf den Katalaunischen Feldern unterlag, dass nach Attilas Tod im Jahr 453 das riesige, von ihm eroberte Reich zerfiel. Darüber gibt es Chroniken und Dokumente. Doch der Etzel im Nibelungenlied besitzt nicht die von Attila verbürgten grausamen Züge – existiert er daher „weniger" als der durch Dokumente „abgesicherte" Hunnenfürst? Für jemanden, der sich in die Geschichte des Nibelungenlieds vertieft, der mit Kriemhild, Hagen, Giselher und all den anderen mitleidet, mit Sicherheit nicht. Und der Drache, den Siegfried tötete und in dessen Blut badete? Kaum jemand wird annehmen, dass ein solches Untier auf unserer Erde weilte, und dennoch sprechen wir von ihm, wie einst die Menschen des Mittelalters von den geheimnisvollen Einhörnern, von deren Existenz sie überzeugt waren.

Wie man sieht, ist es gar nicht so einfach, von der „Existenz" eines Wesens oder eines Gegenstandes zu sprechen. Selbst sinnliche Erfahrungen sind manchmal trügerisch wie Fata Morganas. Natürlich klärt uns die Optik auf, wie Luftspiegelungen, die auf staubtrockenem Wüstenboden Meeresküsten vorgaukeln, entstehen: Die Lichtstrahlen werden von den heißen bodennahen Luftschichten gebrochen. Lichtstrahlen selbst „existieren", denn unsere Augen empfangen sie ununterbrochen. Und bis zu Beginn des 20. Jahrhunderts waren alle Physiker davon überzeugt, dass Licht aus Schwingungen eines „Lichtmediums", des sogenannten Äthers, entsteht. Doch heute meinen die Experten, dass es diesen Äther, von dessen Existenz Wissenschafter jahrhundertelang überzeugt waren, gar nicht gibt. Wer heute wissen will, worum es sich bei Licht tatsächlich handelt, muss höhere Mathematik lernen: Eine abstrakte Theorie, die Quantenelektrodynamik heißt und fast so kompliziert ist wie sie klingt, erklärt schlussendlich, was Licht „ist": ein auf Formeln und Gleichungen fußendes Phänomen …

Wenn also etwas untrüglich sicher „existiert", dann sind es die Zahlen, mit denen die Mathematik Gleichungen und Formeln zu bilden versteht. Doch was bedeutet „Existenz" von mathematischen Objekten wie Primzahlen oder Primzahlzwillingen?

Fragen wir einfacher: Warum wissen wir von der „Existenz" der Primzahlzwillinge 17 und 19? Die Antwort ist klar: Es ist *evident*, unmittelbar einleuchtend, dass es sich bei 17 und 19 um Primzahlen handelt und dass sich diese beiden Zahlen um genau 2 unterscheiden. Und warum wissen wir von der „Existenz" der Primzahlzwillinge 1949 und 1951? Auch hier liegt die Antwort auf der Hand: Man kann – zwar ein wenig mühsam, aber doch – nachrechnen, dass sowohl 1949 als auch 1951 nur die Zahlen 1 und sich selbst als Teiler besitzen, folglich Primzahlen sind, und es ist evident, dass sich 1949 und 1951 um genau 2 unterscheiden.

„Existenz" ist somit keine gleichsam gottgegebene Angelegenheit, von „Existenz" ist dann – und nur dann – zu sprechen, wenn eine, wie sich Hermann Weyl, der bedeutendste Mathematiker des letzten Jahrhunderts, ausdrückte, „aus völlig durchleuchteter Evidenz geborene, klar auf sich selbst ruhende Überzeugung" vorliegt. Anders formuliert: Existenz benötigt Evidenz als notwendige und hinreichende Vorbedingung.

Die Existenz der unendlich vielen Primzahlen besteht folglich allein deshalb, weil wir Euklids Argumente in seinem Beweis verstehen. Warum aber sind sich alle diejenigen, die glauben, diesen Beweis verstanden zu haben, einig, dass seine Gültigkeit unbezweifelbar und unüberholbar ist? Woher stammt die unumstößliche Sicherheit, die mathematischen Theoremen im Unterschied zu allen anderen Aussagen eigen ist? Das ist ein tiefes Geheimnis.

Ein Genie, das die Göttin liebte

Geheimnisvoll verlief auch das Leben eines der eigenartigsten Mathematiker aller Zeiten, des indischen Genies Srinivasa Ramanujan. Hardy behauptete, dass die Entdeckung dieses außerordentlichen Menschen sein bedeutendster Beitrag zur Mathematik war. Denn Ramanujan wuchs in Erode, einem abgelegenen südindischen Dorf 400 km westlich von Madras, dem heutigen Chennai, auf und besuchte in Kumbakonam, einer näher bei Madras

Srinivasa Ramanujan (1887–1920)

gelegenen Stadt, die dortige höhere Schule. Schon mit 14 Jahren überzeugte er seine Mitschüler und Lehrer von seinen beeindruckenden Fähigkeiten, komplizierteste Formeln zu entwickeln: „Wir, die Lehrer mit eingeschlossen, verstanden ihn kaum, behandelten ihn aber mit höchstem Respekt", erzählten seine Kommilitonen. Zunächst war er als hervorragender Schüler vielseitig interessiert, doch mit der Zeit konzentrierten sich seine Interessen allein auf die Mathematik. Dabei stand ihm als Grundlage für sein Selbststudium bloß eine damals bereits völlig veraltete Formelsammlung zur Verfügung. Der Versuch, an der Universität von Madras ein Studium zu beginnen, schlug fehl, weil er in allen Fächern außer Mathematik bei der Eingangsprüfung versagte.

Eine miserablere Ausgangsposition für eine erfolgreiche Karriere als Wissenschafter ist kaum denkbar.

Trotzdem gelang es ihm, allein auf seine armselige Formelsammlung gestützt, so bemerkenswerte Resultate zu erzielen, dass die indischen Mathematiker in der Umgebung von Madras auf ihn aufmerksam wurden. Aber die Versuche des Gelehrten Ramachandra Rao, ihm ein Stipendium für ein Studium in Südindien zu verschaffen, schlugen fehl. Rao schildert seine Begegnung mit dem autodidaktischen Ramanujan so: „Eine kleine, ungehobelte Gestalt, unrasiert, ungepflegt, mit auffälligen leuchtenden Augen und mit einem ausgefransten Notizbuch unter seinem Arm, so kam er herein. Ein bitterarmer Kerl. Sogleich öffnete er sein Buch und begann mir von seinen Entdeckungen zu berichten. Ich begriff sofort, dass ich mit jemandem Außerordentlichen konfrontiert war, aber ich vermochte nicht zu beurteilen, ob er geniales oder sinnloses Zeug plapperte. Ich fragte ihn, was er denn wolle. Er sagte, ein Hungerlohn würde ihm schon reichen, nur damit er seine Forschungen fortsetzen könne."

Auf Drängen seiner Mutter heiratete der einundzwanzigjährige Ramanujan 1909 ein zehnjähriges Mädchen, mit dem er erst Jahre später zusammenlebte, und nahm schließlich die Stelle eines Buchhalters im Hafenamt von Madras an. Aber sein Brotberuf interessierte ihn nicht. Ununterbrochen rechnete er komplizierteste Summen mit unendlich vielen Summanden aus und versuchte durch Veröffentlichung seiner Resultate in den indischen mathematischen Zeitschriften bei Fachleuten Anerkennung zu erlangen. Schließlich fasste er sich ein Herz und schrieb an zwei berühmte Professoren der Cambridge University in England. Er erhielt keine Antwort. 1913 richtete er an einen dritten Professor aus Cambridge einen Brief, eben an Godfrey Hardy, und schrieb ihm: „Sir, ich bitte darum, mich Ihnen als Angestellter der Buchhaltung in der Hafenverwaltung von Madras mit einem Jahreseinkommen von 20 Pfund vorstellen zu dürfen. Ich bin jetzt 26 Jahre alt. Ich habe keine abgeschlossene Universitätsausbildung, habe aber den üblichen Unterricht absolviert. Ich bitte Sie, die beigelegten Papiere durchzusehen. Da ich arm bin, möchte ich gerne meine Sätze veröffentlichen, falls Sie überzeugt sind, dass sie einen Wert haben." Danach folgten Seiten über Seiten Formeln von eigenartiger Schönheit. Eine von ihnen betrifft die berühmte Kreiszahl π, welche das Verhältnis des Umfangs eines Kreises zu seinem Durchmesser nennt. Mit dieser Formel, bei der eigentlich unendlich viele Summanden zu addieren sind, kann man π sehr genau berechnen, wenn man nur die ersten paar dieser unendlich vielen Summanden zusammenzählt. Schon die ersten zehn Summanden reichen, und man bekommt π = 3,141 592 653 589 793 238 462 643 383 279 502 884 197 169 399 375 105 820 974 944 592 307 816 406 286 208 998 628 034..., wobei alle genannten 88 Ziffern stimmen. Siebzig Jahre später berechnete man mit Hilfe eines Computers und Ramanujans Formel sogar 17 Millionen Stellen von π nach dem Komma.

Hardy jedenfalls war begeistert: „Viele von den Formeln in dem Brief haben mich glatt erschlagen; ich habe noch nie das Geringste von ihnen gehört. Ein einfacher Blick reicht aus, um zu erkennen, dass diese nur von einem Mathematiker höchster Klasse entwickelt worden sein können. Sie müssen wahr sein, denn niemand hätte die Vorstellungskraft, sie sich lediglich auszudenken." Und er schrieb Ramanujan zurück: „Ich wünsche mehr … und Beweise, so schnell wie möglich!" Ramanujan antwortete voll Hoffnung: „In Ihnen habe ich einen Freund gefunden, den meine Rechnungen interessieren. Aber ich bin bereits halb verhungert. Um mein Gehirn weiter arbeiten lassen zu können, brauche ich Essen, das ist das dringlichste. Jeder mich unterstützende Brief von Ihrer Seite hilft mir in meinem Bemühen um ein Stipendium von der Universität oder vom Staat."

Wirklich gelang es auf Empfehlung Hardys, dem jungen Mann ein Stipendium für zwei Jahre an der Universität von Madras zu verschaffen. Und auf Drängen des englischen Gelehrten entschloss sich Ramanujan nach langem Hin und Her, 1914 ins englische Cambridge zu übersiedeln.

Eine einmalige Gelegenheit für ihn, mit Hardy und den anderen Professoren von Cambridge Mathematik treiben zu können, die er in vollen Zügen nutzte. Allerdings war es für seine englischen Kollegen schwierig, mit ihm zu arbeiten, denn er hatte ja keine traditionelle mathematische Ausbildung genossen. Immer, wenn ihm grundlegender Stoff gelehrt werden sollte, unterbrach er seinen Gesprächspartner und sprudelte vor originellen, aber völlig unkonventionellen Ideen, die ein geordnetes Vorankommen unmöglich machten. Aber die dabei von ihm zusammen mit Hardy erzielten Einsichten – ein gewichtiger Teil von ihnen die eigenartige Verteilung der Primzahlen betreffend – ließen keinen Zweifel daran, dass Ramanujan eine jedem seiner Mitarbeiter wundersam scheinende Sicht in die Geheimnisse der Mathematik besaß, die allen normalen Menschen verborgen bleibt.

Zugleich war Ramanujans Aufenthalt in England mit außerordentlichen Schwierigkeiten verbunden. Die Besorgung geeigneter Nahrung für den strengen Vegetarier gestaltete sich in den Hungerjahren 1914 bis 1918 während des Ersten Weltkriegs als fast unmöglich. Das feuchtnasse englische Klima setzte dem jungen, fragilen Mann zu, er erkrankte mehrfach schwer, litt auch an seelischen Qualen. Üblicherweise schrieb er, von einem inneren Zwang getrieben, mehr als 30 Stunden ohne Unterbrechung seine Rechnungen in seine Notizbücher und verfiel danach in einen fast zwanzigstündigen Dauerschlaf.

Im Frühjahr 1919 kehrte er als anerkannte mathematische Koryphäe nach Indien zurück, allerdings bereits so entkräftet, von Tuberkulose und anderen chronischen Leiden gezeichnet, dass er im Jahr darauf in Kumbakonam starb.

Ganz im Gegensatz zu Hardy, der behauptete, nicht an Gott zu glauben – ganz sicher konnte man sich bei diesem exzentrischen Engländer aber nie sein –, war Ramanujan tiefreligiös. Dies wurde schon im Zuge der Einladung von Hardy, nach England zu kommen, deutlich: Zunächst lehnte er ab, da er als orthodoxer Brahmane Angst hatte, er würde die Zugehörigkeit zu seiner Kaste verlieren, wenn er in ein fremdes Land ginge. Auch seine Mutter hatte Bedenken. Schließlich meditierte Ramanujan drei Tage lang und erbat von der Familiengöttin Namagiri Hilfe und Rat. In einer Vision nach diesen drei Tagen teilte sie ihm mit, er solle reisen.

Jede seiner mathematischen Erkenntnisse glaubte Ramanujan nicht den eigenen Fähigkeiten, sondern Eingebungen von Namagiri zu verdanken. Für ihn war Mathematik reinste Wesensschau. Darum waren für ihn die strikten logischen Beweise seiner Resultate auch kaum von Interesse; wenn die Göttin sie ihm nannte, genügte es. Nebenbei erwähnt: Ganz unfehlbar war er mit seiner Wesensschau nicht; manchmal erlag er Täuschungen in den Inspirationen und behauptete Resultate, die sich als falsch erwiesen. Aber eines war er sich sein Leben lang gewiss: „Eine Gleichung ergibt für mich keinen Sinn, wenn sie nicht einen göttlichen Gedanken zum Ausdruck bringt."

Zwei Eingebungen

Um nur den Funken einer Idee dessen vermitteln zu können, wie schlagartig und mit absoluter Sicherheit zuweilen eine mathematische Erkenntnis zutage gebracht wird, wollen wir die berühmte Geschichte erzählen, wie Carl Friedrich Gauß – ein mathematisches Genie, das Ramanujan noch weit überragte – als kleiner Bub zu einer tiefen Einsicht gelangte.

Gauß wurde 1777 in Braunschweig geboren, ein armer Leute Kind. Wie die anderen Kinder aus dem Viertel kam er in die dortige Elementarschule. Büttner hieß der Lehrer der übervollen Schulklasse, die er mit strengem Regiment und dem Rohrstab führte. In dem traurigen Viertel der Stadt war es sinnlos, den Kindern höhere Bildung beibringen zu wollen, nur das Notwendigste an Schreiben, Lesen und Rechnen, das für ihr Überleben sorgen sollte. Aus den tristen Verhältnissen der Tagelöhner, bestenfalls Handwerksgesellen oder von der Hand in den Mund lebender Gewerbetreibender war keine Ausflucht in Sicht.

Sieben Jahre war Gauß alt, als er als einer der jüngsten in seiner Schulklasse hockte, auf dem Pult vor sich ein Schiefertäfelchen und ein paar Kreidestücke – Papier konnte man sich damals nicht leisten und an Schulbücher war nicht zu denken. Büttner selbst stelle ich mir als grimmigen, von der mühevollen Erfahrung gezeichneten Mann vor, mit einem leeren Blick, weil er bis zu seinem Lebensende keine Aussicht hat, den jämmerlichen Schuldienst hinter sich zu lassen. Er trichterte den Kindern den Stoff mit dem Stock ein. Ihnen etwas erklären zu wollen, hätte er sein Lebtag als aussichtslos empfunden, hat er doch sich auch selbst nur oberflächliches Wissen angeeignet. Und so saß der kleine Carl Friedrich mit seinen hellen Augen in der ersten Bank, vor ihm dieser unwirsche, unwillige Schulmeister, der an diesem Tag besonders schlecht gelaunt war. Plötzlich, gegen Mittag, warf er den Kindern die Aufgabe an den Kopf, alle Zahlen von 1 bis 60 zusammenzuzählen. Für jede Addition eine Minute, so dachte sich

Büttner, das müsste sich ausgehen, dass die Horde mit dem Kreidekratzen auf den Schiefertäfelchen beschäftigt wäre und er in seinem Katzenjammer am Katheder dahindösen könne, bis der Schultag zu Ende wäre.

Kaum hatte er im beginnenden Dämmerschlaf die Augen halb geschlossen, weckte ihn ein Knall. Gauß, der kecke Bub mit den hellen Augen, stand neben ihm, zeigte mit dem Finger auf seine Schiefertafel, die auf dem Katheder lag und auf der die Zahl 1830 geschrieben stand. „Da liegt sie", hörte ihn Büttner sagen. Noch bevor dieser antworten konnte, drehte sich Gauß um, setzte sich wieder auf seine Bank, verschränkte die Arme und blickte den Lehrer mit verschmitztem Lächeln und selbstbewussten Augen an.

Büttner grummelte Unverständliches und betrachtete skeptisch das Schiefertäfelchen. Nur die Zahl 1830 war darauf geschrieben, fein säuberlich links oben, sonst nichts, keine Wischspuren von Rechnungen, nichts anderes als das Ergebnis 1830. Büttner starrte minutenlang auf diese Zahl, während in der ganzen Klasse die Kinder mühsam die Additionen $1 + 2 = 3$, $3 + 3 = 6$, $6 + 4 = 10$, $10 + 5 = 15$, $15 + 6 = 21$ auf ihre Täfelchen mit Kreide kritzelten und immer wieder mit feuchten Tüchern bereits unnötig gewordene Rechnungen wegwischten, allein Gauß immer noch aufrecht dasaß und sein wissendes Lächeln beibehielt.

„Was bedeutet das?" dachte Büttner bei sich, „was soll ich davon halten?" Ungeschickt, wie er war, hatte er sich auf die Stunde nicht vorbereitet und wusste nicht Bescheid, wie das richtige Ergebnis lauten sollte. Es galt ja bloß, die Kinder zu beschäftigen, mit etwas zugegeben Sinnlosem, das aber viel Zeit kostet und bei dem es wohl keinem gelingen würde, die Rechnung bis zum Ende zu meistern. Dann hätte er nach Ablauf der Stunde seine Strafpredigt halten und den Stock wild durch die Gegend schwingen können. Daraus wurde jetzt aber nichts. Im tiefen Sinnieren versunken, das Kreidekratzen und Wischen der Kinder überhörend, zerrann ihm die Zeit. Endlich, als die vorgesehene

Stunde längst vergangen war, rief er: „Schluss jetzt, geht alle nach Hause! Nur Gauß, du", und Büttner zeigte dabei mit dem gefürchteten Stab auf den Kleinen, wobei das Stabende gefährlich zitterte, „du bleibst hier!" Jetzt schluckte der kleine Carl Friedrich ein wenig, erhob sich, stellte sich aufrecht am Katheder neben dem vor ihm gekrümmt hockenden Büttner, der lange wartete und selbst Minuten, nachdem der Letzte geduckt das Klassenzimmer verlassen hatte, noch immer nichts sagte.

„Was bedeutet das?" flüsterte er endlich, starrte das Kind an und klopfte zugleich mit dem Finger auf die Tafel. „Es ist doch ganz einfach", antwortete der Siebenjährige, „die Zahlen von 1 bis 60 waren zu addieren. 1 und 60 sind 61, 2 und 59 sind 61, 3 und 58 sind 61, 4 und 57 sind 61. Immer 61. Das kann man dreißigmal machen. Also 30 mal 61, also 1830." Büttner schaute Gauß mit offenem Mund an. „1830", wiederholte Gauß und hoffte insgeheim, dass ihn jetzt Büttner auch nach Hause gehen lasse. Aber Büttner sagte nichts, den Stab hatte er längst aus der Hand fallen lassen und Gauß merkte ihm an, dass er mühsam versuchte, die Gedanken in seinem Gehirn zu ordnen.

So wie Gauß Büttner erklärte, dass die Summe der ersten sechzig Zahlen genau 1830 betragen müsse, verstehen wir es alle. Was aber nicht so leicht zu verstehen ist: Wie kommt ein siebenjähriges Kind innerhalb von Sekunden darauf? Wir dürfen zu Recht annehmen, dass eine außerordentliche *Intuition* das Kind zu diesem Ergebnis führte.

Wahrscheinlich sah Gauß die Zahlen in dieser Aufgabe als geometrische Muster: Die Zahlen von 1 bis 60 addiert bedeutet, dass man einen Punkt, darunter zwei Punkte, darunter drei Punkte anschreibt und dies so weiterführt, bis man schließlich darunter sechzig Punkte zeichnet. Wenn man dies linksbündig tut, entsteht das Muster eines rechtwinkligen Dreiecks. Der rechte Winkel befindet sich links unten, von ihm gehen sowohl waagrecht als auch senkrecht sechzig Punkte aus. Jetzt schneidet Gauß dieses Dreiecksmuster waagrecht in der Mitte, nach dem dreißigsten

Punkt, entzwei und dreht das unten befindliche Trapez so um 180 Grad, dass die schräge Trapezseite Punkt für Punkt direkt an die schräge Dreiecksseite anschließt. Auf diese Weise entsteht ein Rechtecksmuster, das dreißig Punkte hoch ist. Die Länge des Rechtecks ist immer die gleiche: Ganz oben besteht sie aus 1 + 60, unmittelbar darunter aus 2 + 59, unmittelbar darunter aus 3 + 58 Punkten, und das geht so weiter bis zur untersten Schicht, die aus 30 + 31 Punkten besteht. Die Länge des Rechtecks beträgt, wie man es auch betrachtet, 61 Punkte. Also besteht das Rechtecksmuster aus 30 mal 61 Punkten, und 30 mal 61 ergibt 1830.

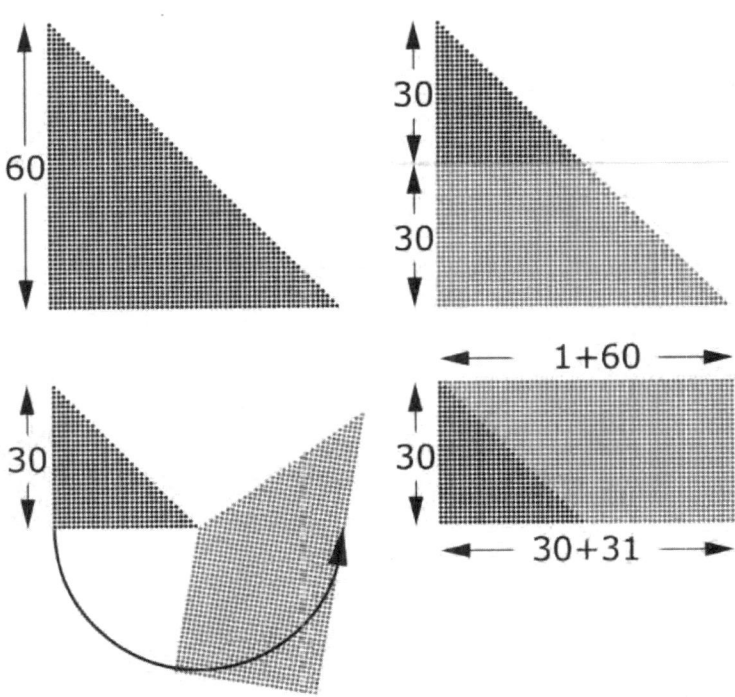

Die Addition der Zahlen von 1 bis 60 bedeutet, die Zahl der Punkte des Dreiecks links oben zu ermitteln. Gauß teilte das Dreieck nach der 30. Zeile und drehte das unten entstandene Trapez so um 180 Grad, dass schließlich ein Rechteck, bestehend aus 61 Punkten in der Länge und aus 30 Punkten in der Höhe, entstand.

Was im obigen Absatz umständlich erklärt wurde, leuchtete dem kleinen Gauß buchstäblich unmittelbar, sekundenschnell ein. Es war eine Eingebung, vergleichbar dem Kuss der Muse, von dem die großen Künstler schwärmen.

Die Zeit, als er in der Klasse neben seinen in dumpfe Rechnereien vertieften Mitschülern saß, nutzte er, um in Gedanken seine Intuition in eine Erklärung zu verwandeln, die schließlich jeder, selbst der schwerfällige Lehrer Büttner, verstehen sollte. Was ihm gelang. Denn Büttner begriff, dass der kleine Bub mit einem Geniestreich das richtige Ergebnis auf die kleine Tafel notierte, ohne eine einzige Zwischenrechnung aufschreiben zu müssen.

In diesem Augenblick, als er erkannte, dass der Bub ganz anders war als alle seine Schüler bisher, erlebte Büttner eine Eingebung, die ich am besten in den Worten Daniel Kehlmanns aus seinem schönen Buch von der „Vermessung der Welt" wiedergeben möchte: Büttner musterte Gauß mit verschwommenem Ausdruck und sah den Buben „mit leerer Miene an. Er wisse, dass er kein guter Lehrer sei. Er habe weder Berufung noch besondere Fähigkeiten. Aber jetzt sei es so weit: Wenn Gauß nicht aufs Gymnasium komme, habe er umsonst gelebt."

Tatsächlich ließ Büttner aus Hamburg ein besonderes Rechenbuch für Gauß kommen. Überdies organisierte er für das begabte Kind einen eigenen Privatlehrer, Martin Bartels, der sein Talent förderte. Schließlich kümmerte sich Büttner darum, dass Gauß das Gymnasium Catharineum besuchen konnte, und als das Wunderkind vierzehn Jahre alt war, wurde es dem Herzog von Braunschweig vorgestellt, der von ihm so beeindruckt war, dass er für das Fortkommen und den Lebensunterhalt dieses armer Leute Kindes sorgte, aus dem später neben Archimedes der größte Mathematiker aller Zeiten werden sollte.

In dem Augenblick, als Büttner vor Gauß saß, die Schiefertafel mit der Zahl 1830 neben sich, wuchs er über sich hinaus, wurde zum besten aller Lehrer, zum Vorbild aller Lehrkräfte schlechthin. Der junge Gauß konnte ja nichts für sein Talent, es war ihm gleichsam von oben in die Wiege gelegt. Aber Büttner gelang es, sich zur Einsicht durchzuringen, dass der Siebenjährige mehr von Mathematik versteht als er selbst. Und dass damit auf ihm, Büttner, eine tonnenschwere Verantwortung lastet: Der Bub muss gefördert werden. Dieser Aufgabe, die weit schwerer wiegt als jede noch so komplizierte Rechnung, hat sich der großartige Büttner wunderbar gestellt.

Die Zahlen des Pythagoras

Zahlen als Muster zu betrachten, beruht auf einer uralten, auf Pythagoras zurückgehenden Tradition. Noch heute sprechen wir von „Quadratzahlen", weil man die Zahlen 1, 4, 9, 16, 25 ... als quadratische Punktemuster zeichnen kann. Die Anzahl der Punkte auf der Quadratseite heißt die *Wurzel* der Quadratzahl. Darum ist 1 die Wurzel von 1, 2 die Wurzel von 4, 3 die Wurzel von 9, 4 die Wurzel von 16, 5 die Wurzel von 25 und so weiter. Aus dem geometrischen Muster erkennt man: Addiert man zu einer Quadratzahl das Doppelte ihrer Wurzel – man legt entsprechend viele Punkte rechts und oben an das quadratische Muster – und gibt man noch 1 dazu, erhält man die nächste Quadratzahl. So ist zum Beispiel die Quadratzahl 25 um das Doppelte von 5 und dazu noch um 1 vermehrt 25 + 11 = 36, die auf 25 folgende Quadratzahl mit 6 als Wurzel.

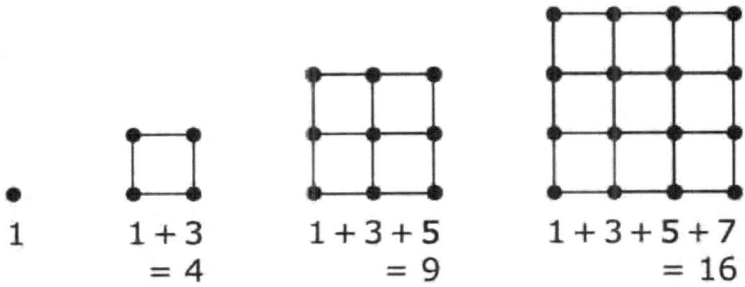

1   1 + 3   1 + 3 + 5   1 + 3 + 5 + 7
     = 4   = 9   = 16

Die Summen der ungeraden Zahlen ergeben die Quadratzahlen.

Betrachten wir nun eine ungerade Quadratzahl, zum Beispiel 49. Von ihr 1 abgezogen und dann die Hälfte gebildet, ergibt 24. Sie ist die Wurzel der Quadratzahl 576. Wenn man zu 576 zweimal 24 plus 1, also die Quadratzahl 49, addiert (von der wir ausgegangen waren), erhalten wir die nächste Quadratzahl 625 mit 25 als Wurzel.

Das kann man immer so machen: 25 ist eine ungerade Quadratzahl. Von ihr 1 abgezogen und dann die Hälfte gebildet, ergibt 12. Sie ist die Wurzel der Quadratzahl 144. Wenn man zu 144 zweimal 12 plus 1, also die Quadratzahl 25, addiert (von der wir ausgegangen waren), erhalten wir die nächste Quadratzahl 169 mit 13 als Wurzel. Probieren Sie das Gleiche mit der ungeraden Quadratzahl 81 aus. Sie werden auf die Formel 1600 + 81 = 1681 kommen, wobei alle drei Zahlen 1600, 81 und 1681 Quadratzahlen sind. (Ihre Wurzeln lauten 40, 9 und 41.)

Wir dürfen annehmen, dass Rechnungen wie diese für Pythagoras der Ansatzpunkt des berühmten, nach ihm benannten Satzes waren. Es war in seinen Augen einfach *schön*, dass die Summe

$$5^2 = 25 = 12 + 12 + 1 \qquad 12^2 + 5^2 = 13^2$$

Eine ungerade Quadratzahl kann immer als Summe von 1 und dem Doppelten einer ganzen Zahl geschrieben werden. Deshalb bildet die ungerade Quadratzahl zugleich den oberen und rechten Rand, unterhalb dessen sich eine andere Quadratzahl anordnen lässt. Auf diese Weise gelingt es, zwei Quadratzahlen so zu addieren, dass die Summe wieder eine Quadratzahl ist.

von zwei Quadratzahlen wieder eine Quadratzahl ergeben kann. Dass die Wurzeln der von ihm betrachteten Quadratzahlen zugleich Seitenlängen von rechtwinkligen Dreiecken bezeichnen können, wussten Ägypter, Babylonier, Inder und viele andere schon lange vor Pythagoras.

Was besonders wichtig ist: Die Zahlen des Pythagoras stehen für sich allein. Sie werden zwar von geometrischen Mustern symbolisiert, aber sie selbst sind eigenständige abstrakte Objekte. In den antiken Hochkulturen davor waren Zahlen immer nur Mittel zum Zählen: 9 Kamele, 16 Hühner, 25 Hasen im Stall – dass 9, 16, 25 lauter Quadratzahlen sind, spielt dabei keine Rolle. 2 Säcke Mehl, 5 Scheffel Weizen, 7 Flaschen Öl auf dem Händlertisch – dass 2, 5, 7 lauter Primzahlen sind, ist dabei unerheblich. Erst bei den Griechen werden die Zahlen eigenständig. Vorher gab es die

Zahlen im Dienste der Ökonomie, hier im Kaufhaus GUM in Moskau zur Mitte des 20. Jahrhunderts: Vor Pythagoras waren Zahlen immer nur Mittel zum Zählen: 9 Kamele, 16 Hühner, 25 Hasen im Stall – dass 9, 16, 25 lauter Quadratzahlen sind, spielt dabei keine Rolle. 2 Säcke Mehl, 5 Scheffel Weizen, 7 Flaschen Öl auf dem Händlertisch – dass 2, 5, 7 lauter Primzahlen sind, ist dabei unerheblich.

181

Welt „da draußen", und die Zahlen dienten bloß als Mittel zum Zweck, sich in dieser Welt zurechtzufinden. Noch heute meinen viele, dass dies der einzige Sinn von Mathematik sei. Doch es ist *genau* umgekehrt: In Wahrheit sind die Zahlen allein Grundlage des exakten Denkens; ohne sie ist es unmöglich, und mit mehr als ihnen verliert das Denken seine Präzision. Und um die Welt „da draußen" genau beschreiben zu können, benötigen wir die Zahlen. Sie hoppeln also der Außenwelt nicht hinterher, sondern sind ihr im Gegenteil uneinholbar voraus.

Obwohl Zahlen weitaus sicherer „existieren" als alle anderen Dinge, sind sie völlig abstrakt, haben nur mittelbar mit sinnlichen Eindrücken zu tun: Zwar sehen und fühlen wir Geldstücke, die wir zählen, aber wir sehen und fühlen nicht die Zahl Dreißig selbst, sondern nur die Silberlinge, die wir mental mit Dreißig verbinden. Zwar hören wir die Turmuhr schlagen und zählen dabei bis acht, aber wir hören nicht die Zahl Acht selbst, sondern nur die einzelnen Glockenschläge, die wir mental mit Acht verbinden. Weder optisch noch taktil, noch akustisch, noch sonst wie empfinden wir eine Zahl als solche, kein Sinnesorgan vermag sie direkt zu empfangen.

Weil sie einfach nicht „da draußen" sind, sondern in uns. Sie sind unsere Erfindungen. Höchst eigenartige Erfindungen. Denn wenn ein denkendes Geschöpf von ihnen erfährt, kann sich dieses Geschöpf gar kein anderes Zählen vorstellen als jenes, das wir kennen. Warum sind die Zahlen uns mit solcher Gewissheit vertraut?

Luitzen Egbertus Jan Brouwer, ein in der ersten Hälfte des 20. Jahrhunderts wirkender eminenter holländischer Mathematiker, glaubte dies erklären zu können:

„Was ist die Welt?" fragt Brouwer.

Viele sehen sie wie eine Art Theaterbühne, auf der das Schauspiel der riesigen Sternenkollisionen, des winzigsten radioaktiven Zerfalls, des Werdens und Vergehens von Leben auf der Erde abläuft. Der einzelne, nichtige Mensch huscht wie ein flüchtiger Schatten daran vorbei, bekommt gerade ein paar winzige Augenblicke davon mit und verliert sich wie ein schäbiges Staubkorn im riesigen Räderwerk des gigantischen Geschehens im All. Das Weltendrama von der Entstehung im Urknall bis zur Dämmerung im Kältetod rollt fast zur Gänze ohne uns, vor leeren Zuschauerrängen ab.

Brouwer jedoch sieht die Welt ganz anders.

Die Welt ist Brouwers Meinung nach für jeden einzelnen Menschen die

Luitzen Egbertus Jan Brouwer (1881–1966)

seine, ihm eigene Welt; *in* seiner Person ruht ein ganzes Universum. Es ist das Universum, das mit der Geburt dieses Menschen erschaffen wurde, beim ersten Schrei noch ein Tohuwabohu, erst langsam an der sorgenden Brust der Mutter sich entwickelnd und im Laufe des Lebens sich mit immer mehr Erfahrungen, mehr Einsichten, aber auch mit immer mehr Rätseln füllend. In der Kommunikation mit diesem Menschen, in den ihm zugedachten Taten und in den an sein Ohr gelangenden Erzählungen wird seine Welt beeinflusst und verändert. Aber kein anderer kann diese Welt, die das Leben dieses einen Menschen bedeutet, in der Gänze auf sich nehmen, gleichsam aufbewahren. Sie gehört, der Sirius in unerreichbarer Ferne genauso wie der Fingernagel am eigenen rechten Daumen darin eingeschlossen, vollends diesem einen Einzelnen. Und sie vergeht unwiederbringlich, wenn dieser Einzelne stirbt.

Das Bewusstsein in seinem naiven Zustand empfängt ein Chaos von Sinnesempfindungen. Spontan hält das Bewusstsein plötzlich eine dieser Empfindungen fest und will sie in sich bewahren. Dies bezeichnet die deutsche Sprache sehr treffend als „Wahrnehmung". Etwas wahrzunehmen ist also gleichsam ein Schöpfungsakt: Aus dem Chaos bildet das Bewusstsein Kosmos heraus. Wir stellen uns gerne vor, dass ein Neugeborenes als Erstes in seinem Leben das

Licht, das diffus in seine Augen strahlt, wahrnimmt. Dann die körperwarme Milch, die es mit seinen Lippen saugt.

Doch die Welt ist, wie Brouwer sagt, „traurig". Damit meint er, dass man zwar die Wahrnehmung festhalten möchte, dies aber nicht kann. Sie vergeht. Sie macht einer anderen Platz, einer *zweiten*. Eine Wahrnehmung, sie entschwindet, eine zweite Wahrnehmung: Das ist es, was Brouwer mit dem eigenartigen englischen Begriff der „Two-Oneness", wörtlich übersetzt: der „Zwei-Einheit", umschreibt. Für ihn die fundamentale Intuition, aus der das Denken und aus der die Zahlen Eins und Zwei entstehen.

Bei manchen beängstigenden Fällen von Autismus artet die „Traurigkeit" der Welt in schiere Verzweiflung aus: Die armen vom Autismus Geplagten halten sich gleichsam nur an einer Eins fest, sie wollen die eine Wahrnehmung, an der sie sich festkrallen, nicht verlieren. Wenn in dem Zimmer, wo sie hausen, auch nur die kleinste Verrückung irgendeines Gegenstandes erfolgt, brüllen sie, schlagen wie wild um sich und lassen sich erst dann beruhigen, wenn alles wieder so eingerichtet ist, wie es vorher immer schon war. Wir können uns kaum diese schreckliche autistische Welt des immer nur Einen vorstellen, so sehr haben wir seit Anbeginn unseres Seins das Wechselspiel zwischen Bestand und Veränderung gelernt.

Das Kommen und Vergehen von Wahrnehmungen ist allen unseren Welten gemeinsam. Darum teilen wir alle die gleiche Intuition, die uns die Zahlen Eins und Zwei erfinden ließ. Und wenn man Eins und Zwei erfunden hat, dann ist in der Folge die Erfindung aller weiteren Zahlen, auch der Quadratzahlen und der Primzahlen, nur mehr eine Frage der Zeit.

So klingt nach Brouwer der eigenartig schöne Schöpfungsbericht der Zahlen.

Laudatio

Von Daniel Kehlmann zum Donauland Sachbuchpreis
für Rudolf Taschner

Die Vernunft ist hell. Sie ist nicht trocken, sondern funkelnd und heiter, sie ist nicht langweilig, sondern das Spannende schlechthin: Richtig eingesetzt, macht sie die Welt nicht bloß sicherer und angenehmer, sondern auch tausendfach interessanter. Die Umgebung des Unwissenden ist voll Magie, der Wissenschaftler aber, das ist ja nicht der, der alles weiß, sondern der, der wie Schopenhauer es so schön formuliert, den Mut hat, keine Frage auf dem Herzen zu behalten. Nicht um Einweihung geht es, sondern um Neugier, um die Abenteuerlust des Geistes; dafür Proselyten zu werben, also Schüler nicht für die Mysterien, sondern für deren Gegenteil, die Offenheit selbst: Das ist die wahre Tätigkeit des Lehrers, des Aufklärers. Es ist die Tätigkeit Rudolf Taschners.

In seinem Buch »Zahl, Zeit, Zufall«, das heute ausgezeichnet wird, spricht Taschner einmal über die digitale Zeitmessung. Seine Ausführungen scheinen eine Geschichte des Fortschritts nahezulegen; immer genauer verstand, immer exakter maß die Menschheit den Lauf der Gestirne und damit der eigenen Zeit, und heute sind wir mit einer Exaktheit ohne Gleichen ja gewissermaßen am Ziel angekommen – oder? Aber dann macht Taschner folgende Wendung:

»Mithilfe elektromagnetischer Schwingungen kann man ebenfalls Uhren konstruieren, die mindestens so gut funktionieren wie mechanische Uhren. Auch sie laufen zur kosmischen Uhr der Himmelskörper synchron. Anscheinend gibt es eine ›Einheit der Natur‹, von der die Physik ausgeht und die Uhren, wie auch immer sie gebaut sein mögen, aufeinander abzustimmen erlaubt. Mit der Erfindung immer genauer laufender Uhren eroberten die in den Labors arbeitenden Physiker nach und nach die Souveränität über die Zeit. Die religiösen Würdenträger hatten sie nach Gregors Reform endgültig abgegeben, und auch den Astronomen wurde sie schließlich entrissen. Doch für den Laien ist der Unterschied unerheblich. Nur grob kann man die Mechanik eines altmodischen Uhrwerks verstehen, und bei den modernen Funkuhren muss man sich auf die Zuverlässigkeit der Herstellerfirma heutzutage genauso verlassen wie seinerzeit auf die Zeitangaben von Weihrauchkessel schwingenden Priestern.«

Das kommt überraschend, in einem Moment, wo man eher Wissenschaftsoptimismus und Fortschrittsgläubigkeit erwarten würde. An anderer Stelle führt Taschner diese Überlegung philosophisch grundiert fort: »Das Digitale ist primitiv und komplex in einem: Es ist glasklar rational und zugleich mit der Aura des Numinosen behaftet. Je subtiler ein Prozess auf etwas Digitales reduziert wird, umso undurchsichtiger gerät seine praktische digitale Simulation.«

Das scheint mir typisch für Taschner, sein Denken, aber auch die Persönlichkeit, die sich über dieses dem Leser, dem Zuhörer, den Studenten, allen, die von ihm lernen dürfen, vermittelt: Da ist ein leidenschaftliches implizites Plädoyer für das Analoge, das heißt für den realen Kosmos in seiner nie ganz auf eine Ziffernfolge zu reduzierenden Vielfältigkeit, für den Reichtum wirklicher Erfahrung, für das, was die alten Philosophen so schön die Sinnenwelt nannten – und, vielleicht noch wichtiger, Taschner zeigt, dass die Skepsis des wahren Wissenschaftlers auch vor den Errungenschaften des Wissens nicht Halt machen kann; die Aufklärung verträgt nicht nur Kritik an ihren eigenen Konsequenzen, sie verlangt sie sogar geradezu, wenn sie nicht in eine Ideologie, eine neue Geheimlehre für die Eingeweihten umschlagen soll. Diese Gefahr besteht: Viele Wissenschaftler wollen Laien geradezu völlig von der Beschäftigung mit ihren Gebieten ausschließen, wer nicht jahrelang studiert habe, habe sie nicht zu fragen, was sie da trieben, sie könnten ihm gar keine Auskunft geben, er solle sich scheu fernhalten und ihre Tätigkeit mit gleichsam religiösem Zutrauen aus der Distanz verfolgen. Eben das tut Taschner nicht: Er öffnet die Tore weit für die Nicht-Eingeweihten, und die scheinbaren Mysterien werden durch seine Begabung, das Komplizierte nicht einfacher als es ist, aber so klar wie möglich zu machen, plötzlich durchschaubar, durch seine Hilfe erkennen wir, dass wir mehr verstehen, als wir uns selbst zugetraut hätten, und wir schöpfen Mut, uns – in den alten und schönen Worten Immanuel Kants – der eigenen Vernunft auch ohne Anleitung zu bedienen. Aufklärung ist immer in Gefahr, in ihr Gegenteil umzuschlagen, und nur wenn man ihre Prinzipien auf sie selbst anwendet, lässt sich ihr Grundprinzip, dass die Welt als verstehbar aufgefasst werden soll, erhalten.

Taschner ist ein wirklicher Bewahrer solcher Aufklärung: auch in seinem Ton »heiterer Gelassenheit«, wie er es selbst im Vorwort nennt; sein Blick ist scharf, und sein Denken eben nicht bloß wissenschaftlich geschult, sondern genuin philosophisch. Außerdem ist er ein begnadeter Erklärer: Darf ich die ganz persönliche Erfahrung anführen, dass ich seinetwegen endlich, nach Jahren der Qual, des Ärgers und der Not, ich übertreibe nicht, das alte Gameshow-Problem der Wahrscheinlichkeitsrechnung verstanden habe? Sie kennen das vielleicht, es geht um eine Quizshow, in der der Kandidat auf eine von drei Türen tippen muss; es werden dann alle drei geöffnet, und hinter einer befindet sich ein Preis, hat er die richtige, darf er ihn behalten. Die Situation ist nun die: Der Kandidat wählt eine Tür, es wird eine der zwei verbliebenen geöffnet, der Preis ist nicht dahinter. Nun bietet ihm der Showmaster, der weiß, wo der Preis ist, noch eine Chance an, er darf eine der zwei noch geschlossenen Türen wählen – und laut den Lehrbüchern ist nun die Gewinnwahrscheinlichkeit des Kandidaten größer, wenn er seine Wahl ändert, als wenn er bei der einmal gewählten Tür bleibt. Ich hatte das ein paar Mal gehört, hatte Erklärungen im Internet durchgelesen, hatte auch schon mir bekannte Mathematiker – aber eben, das war der Fehler, nicht Rudolf Taschner – mit Nachfragen belästigt und allerlei völlig unbefriedigende Antworten bekommen, ich begriff es einfach nicht. Erst durch „Zahl, Zeit, Zufall" hatte ich einen wunderbaren Moment blitzartiger Klarheit – Taschner erklärt das Paradox, indem er gewissermaßen die Zahl der Türen vervielfacht; er überträgt es auf »Tausendundeine Nacht« und eine Sheherezade, die ihren Sultan fragt, ob er wohl fähig sei, die eine und einzige nicht erfundene Geschichte zu nennen. Der Sultan rät eine, Sheherezade bietet ihm an, bei dieser zu bleiben oder zu einer ganz bestimmten anderen zu wechseln, und selbstverständlich, wer würde einen so klaren Hinweis ignorieren, wechselt der Sultan – und ebenso, gar nicht anders, völlig parallel verhält es sich mit den Türen, nur ist es da nicht so klar und intuitiv nachvollziehbar, beziehungsweise es wäre so klar, wenn man die Intuition eines großen Mathematikers hätte – eben jene Intuition, deren inneren Mechanismus Taschner in einem anderen Kapitel akribisch und brillant am Beispiel des Schulkinds Carl Friedrich Gauß verdeutlicht, das in Zahlen sozusagen Muster wahrnehmen konnte und so in schlagartiger Erkenntnis die Summenformel der geometrischen Progression fand. Taschner erklärt uns nicht bloß Geheimnisse der Mathematik, die eben nicht nur eintöniges Rechnen ist, sondern ihre eigenen Wunder und großen Überraschungen birgt; nein, er zeigt uns, wie ein wirklicher Mathematiker denkt, er setzt uns für einen Moment instand, dieses Denken nachzuvollziehen und zu begreifen, dass man Zahlen auch sinnlich und unmittelbar auffassen kann – wenn man es kann. Wie die meisten Mathematiker ist Taschner übrigens ein Platoniker, dem Zahlen nicht eine Erfindung sind, sondern wirkliche Gegenstände, eine Grundrealität des Kosmos, etwas Ewiges, das nie entstanden ist und nie vergehen wird. Übrigens: Falls Sie das mit den Türen nicht verstanden haben, nun ja, ich werde gar nicht versuchen es ausführlicher zu erklären, sondern verweise nur mit dankbarer Gebärde auf »Zahl, Zeit, Zufall«, lesen Sie, dann wird Ihnen geholfen.

Wo Taschner von Wahrscheinlichkeitsrechnung spricht, geht es eben nicht bloß um überraschende Paradoxien und heiter Verblüffendes, das sich gut auf Parties erzählen lässt, sondern vielmehr um die sehr ernste Frage, ob das Leben zufällig oder determiniert ist und was das eigentlich sein soll: Zufall. Hier ermöglicht es Taschners klarer Blick, dass er uns viel mehr sagt, als die meisten mit opaken Begriffen jonglierenden Philosophen es vermögen: Zufall ist nach Taschner letztlich eine Frage der Perspektive, er ist das, was Wahrscheinlichkeitsrechnung ermöglicht, nicht ein Sachverhalt, sondern Produkt einer Methode; die große Frage nach Freiheit und Bestimmung und somit letztlich eine des Blickwinkels, von der einen Seite sehen wir Zufälligkeit, von der anderen strenge Kausalbestimmung; es hängt ganz von uns ab, nicht von den Dingen. Und Zeit? Sie ist, sagt Taschner, Schicksal, das sich entfaltet, sie ist das Medium, in dem Veränderung stattfindet, der Strom, der immer gleich bleibt, auch wenn seine Inhalte wechseln. »Wir wissen«, schreibt Taschner, »um die unnachgiebige Strenge des Zählens, die keine einzige Zahl, und sei sie noch so groß, die letzte sein lässt. Immer wieder harrt die um eins größere darauf, gezählt zu werden. Ebenso ist es mit der Zeit, die – wie man nicht ganz korrekt sagt – nie zum Stehen kommt. Und weil wir alle die gleichen Zahlen kennen, kennen wir auch alle eine – und nur eine – uns gemeinsame Zeit.«

Ein Buch, das damit beginnt, uns ein paar wissenschaftliche Dinge klarer zu machen, das uns auf amüsante Art einige Rätsel aufklärt, wird so unversehens zu einem ernsten, die letzten Dinge und die wahren Rätsel, nicht bloß der großen Welt, sondern unseres eigenen Daseins, berührenden Werk – dies auf einen Nenner zu bringen, ohne dass es bemüht oder disparat wirkt, ist Taschners größte Leistung. Es ist die Leistung eines Lehrers im besten, im umfassendsten Sinn. Gegen Ende des Buches, als vielsagendes Bekenntnis, zitiert Taschner die bekannte Anekdote von der Entdeckung des genialen Kindes Carl Friedrich Gauß durch seinen Lehrer Büttner, der beschließt, dass er seine ganze Kraft daran zu setzen habe, diese einmalige Begabung zu fördern. »Büttner gelang es, sich zur Einsicht durchzuringen, dass der Siebenjährige mehr von Mathematik versteht als er selbst. Und dass damit auf ihm, Büttner, eine tonnenschwere Verantwortung lastet: Der Bub muss gefördert werden. Dieser Aufgabe, die weit schwerer wiegt als jede noch so komplizierte Rechnung, hat sich der großartige Büttner wunderbar gestellt.« Nun, keiner von uns ist ein Gauß, wahrscheinlich kaum einer mathematisch besonders begabt, aber Rudolf Taschner begreift auch uns als Verantwortung: Er hilft uns beim Verstehen, er zeigt uns, wie man denkt, aber zuvor noch, wie man zu fragen hat, um richtig denken zu lernen. Auch sie, diese Verantwortung, begreift er als schwerer wiegend als komplizierte Rechnungen, obwohl er auch diese spielend beherrscht, und auch er, nicht anders als Büttner, stellt sich der Verantwortung wunderbar. Wir alle, seine Leser, profitieren davon, wenn sein Buch uns klüger, heiterer und voll neuen Wissens zurücklässt.

Literaturnachweis

Jürgen Aschoff et al.: Die Zeit. München, Piper 1989

John D. Barrow: Ein Himmel voller Zahlen. Reinbek bei Hamburg, Rowohlt [4]1999

Pierre Basieux: Abenteuer Mathematik. Reinbek bei Hamburg, Rowohlt [4]1999

Pierre Basieux: Die Welt als Roulette. Reinbek bei Hamburg, Rowohlt 1995

Hans-Peter Beck-Bornholdt / Hans-Hermann Dubben: Mit an Wahrscheinlichkeit grenzender Sicherheit. Reinbek bei Hamburg, Rowohlt [2]2005

Henri Bergson: Zeit und Freiheit. Berlin, Philo [3]2006

Albrecht Beutelspacher: Pasta all'infinito. München, Deutscher Taschenbuchverlag 2001

Jürgen Brater: Kuriose Welt in Zahlen. Frankfurt am Main, Eichborn 2005

Richard Courant / Herbert Robbins: Was ist Mathematik? Berlin, Springer [5]2001

Philip J. Davis / Reuben Hersh: Descartes Traum. Frankfurt am Main, Fischer 1990

Philip J. Davis / Reuben Hersh: Erfahrung Mathematik. Basel, Birkhäuser [2]1994

Albert Einstein / Leopold Infeld: Die Evolution der Physik. Reinbek bei Hamburg, Rowohlt [20]1995

Julius T. Fraser: Die Zeit. München, Deutscher Taschenbuchverlag 1991

George Gamow: Eins, zwei, drei … Unendlichkeit. München, Goldmann 1958

Heinz Haber: Der offene Himmel. Stuttgart, Deutsche Verlagsanstalt 1986

Heinz Haber: Eine Frage, Herr Professor. Frankfurt am Main, Ullstein 1984

Peter Heintel: Innehalten. Freiburg, Herder [4]2000

Harro Heuser: Die Magie der Zahlen. Freiburg, Herder ²2003

Paul Hoffman: Der Mann, der die Zahlen liebte. Frankfurt am Main, Ullstein 1999

Robert Kanigel: Der das Unendliche kannte. Braunschweig, Vieweg ²1995

Stefan Klein: Alles Zufall. Reinbek bei Hamburg, Rowohlt ²2004

Walter Krämer: So lügt man mit Statistik. München, Piper ⁹2000

Walter Krämer / Götz Trenkler: Das Beste aus dem Lexikon der populären Irrtümer. München, Piper ²2004

Pierre S. Laplace / Richard von Mises: Philosophischer Versuch über die Wahrscheinlichkeit. Frankfurt am Main, Harri Deutsch ²1996

Odo Marquard: Apologie des Zufälligen. Stuttgart, Reclam 1986

Peter Mittelstaedt: Der Zeitbegriff in der Physik. Mannheim, Bibliographisches Institut 1980

Blaise Pascal: Gedanken. Stuttgart, Reclam 1997

Henri Poincaré: Wissenschaft und Hypothese. Berlin, Xenomoi ⁴2003

Henri Poincaré: Wissenschaft und Methode. Berlin, Xenomoi 2003

Gero von Randow: Das Ziegenproblem. Reinbek bei Hamburg, Rowohlt 2004

Franz Richter: Wir leben chemisch. Wien, Verlag für Jugend und Volk 1967

Karl Sigmund: Spielpläne. Hamburg, Hoffmann und Campe 1999

Ian Stewart: Die Zahlen der Natur. Heidelberg, Spektrum 2001

Rudolf Taschner: Das Unendliche. Berlin, Springer ²2005

Rudolf Taschner: Der Zahlen gigantische Schatten. Wiesbaden, Vieweg ³2005

Hans Thirring: Die Idee der Relativitätstheorie. Berlin, Springer ³1948

Walter Thirring: Kosmische Impressionen. Wien, Molden 2004

Carl Friedrich von Weizsäcker: Das Problem der Zeit als philosophisches Problem. Berlin, Wichern 1967

Hermann Weyl: Philosophie der Mathematik und der Naturwissenschaften. München, Oldenbourg ⁷2000

Hermann Weyl: Raum, Zeit, Materie. Berlin, Springer ⁶1970

Anton Zeilinger et al.: Der Zufall als Notwendigkeit. Wien, Picus 2007

Heinz Zemanek: Kalender und Chronologie. München, Oldenbourg 1981

Abbildungsnachweis